承德市武烈河流域水污染防治规划研究

白　辉　陈　岩　吴悦颖　张成波等　著

气象出版社
China Meteorological Press

内容简介

本书主要针对承德市武烈河流域的自然状况、社会经济以及水环境状况等现状和形势进行了分析,识别了流域的主要环境问题和压力,综合提出了流域水污染防治规划的思路、目标,从流域污染源控制、生态建设和机制建设等方面分区提出了未来水污染防治的重点任务。在各分区重点任务设置的基础上,有针对性的规划了多项具体落地工程和措施,并对相关工程的环境效益和水质目标可达性进行了预测分析,对指导武烈河流域水污染防治工作实施和工程建设起到很好的指导作用。

图书在版编目(CIP)数据

承德市武烈河流域水污染防治规划研究 / 白辉等著
. --北京 : 气象出版社,2017.6
 ISBN 978-7-5029-6569-3

Ⅰ.①承… Ⅱ.①白… Ⅲ.①河流-水污染防治-环境规划-研究-承德 Ⅳ.①X522

中国版本图书馆 CIP 数据核字(2017)第 128624 号

Chengdeshi Wuliehe Liuyu Shuiwuran Fangzhi Guihua Yanjiu
承德市武烈河流域水污染防治规划研究

出版发行:气象出版社

地　　址:北京市海淀区中关村南大街 46 号　　　　　邮政编码:100081

电　　话:010-68407112(总编室)　010-68408042(发行部)

网　　址:http://www.qxcbs.com　　　　　　E-mail: qxcbs@cma.gov.cn

责任编辑:蔺学东　　　　　　　　　　　　　　终　审:邵俊年

责任校对:王丽梅　　　　　　　　　　　　　　责任技编:赵相宁

封面设计:楠竹文化

印　　刷:北京中石油彩色印刷有限责任公司

开　　本:787 mm×1092 mm　1/16　　　　　　印　张:7

字　　数:130 千字

版　　次:2017 年 6 月第 1 版　　　　　　　　印　次:2017 年 6 月第 1 次印刷

定　　价:35.00 元

本书编委会

白　辉　　陈　岩　　吴悦颖　　张成波　　李大伟　　沈志达

赵琰鑫　　韦大明　　谢阳村　　赵康平　　孙运海　　赵翠平

赵　越　　刘龙泉　　王东阳　　刘晶晶　　殷　捷　　孙　曦

王　东　　殷明慧　　唐慧敏　　纪铁鹏

目　　录

引　言

1　规划背景

武烈河是河北省承德市的"母亲河",属滦河重要支流,是承德市中心城区用水和蟠龙湖水质保障的重要控制单元。保护好武烈河生态环境,关系到地区用水安全,是承德市和天津市等地的民生大事。近年来,承德市委、市政府加强了武烈河流域水环境保护工作,强化了生态建设,取得了一定成效,但部分断面水质有变差趋势,一些环境问题依然突出。为此,有必要制定科学合理的规划,有步骤、有计划地实施武烈河流域污染防治,促进流域生态环境改善,保障流域水环境安全。力争在京津冀协同发展的新一轮竞争中,稳定提高城市形象,巩固和发挥地区生态优势、增强区域竞争力。

按照承德市委、市政府关于着力改善"两个环境"的决策部署,本着切实改善流域水环境质量,解决人民群众关注的水环境问题,提升武烈河流域生态环境的原则,落实市委、市政府相关要求,承德市环境保护局会同有关部门开展了《承德市武烈河流域水污染防治规划》(以下简称《规划》)的编制工作。该《规划》旨在全面分析流域水环境状况和问题,科学制定水污染防治规划目标,研究部署水污染防治规划任务,合理测算规划项目投资,全面推动流域水污染防治工作的开展。

2　重要意义

(1)作为京津水源地水源涵养重要区,武烈河流域生态环境的好坏直接关系京津地区水源安全。

2008年环境保护部公布的《全国生态功能区划》,承德市被列为"京津水源地水源涵养重要区"。承德市地处特殊位置,作为北京、天津重要的生态屏障和水源地,肩负着"为首都阻沙源、为京津涵水源"的重任,生态环境的好坏不仅关系到自身利益,也直接关系到首都的水源安全与环境状况。

滦河是天津市的饮用水水源,水功能区划目标为Ⅲ类。武烈河作为滦河中游一级支流,涵盖承德中心城区,武烈河流域人口占滦河流域总人口的15.8%,COD和氨氮排放量分别占滦河流域的27.7%和28%,对滦河的水质、水量影响较大。为了保障天津市饮水安全,保证滦河水质、水量,武烈河流域必须提升治理要求,改善流域水环境质量。

(2)武烈河流域属于河北省首批唯一入选的生态文明建设试点地区,示范成果对北方地区生态文明建设意义重大。

2009年,承德市被环境保护部列为第二批生态文明市县建设试点区域,为河北省首批唯一入选的生态文明建设试点地区。承德市的试点建设经验,对于我国北方地区探索生态文明发展道路具有十分重要的意义,可为全国生态文明建设发挥典型示范作用。

建设生态文明示范区,是承德利用比较优势、发挥后发优势的客观需要,是解决承德发展中突出矛盾、实现可持续发展的战略举措,是保障京津冀地区环境安全的战略需要。保障水环境质量是生态文明建设中较为重要的一环,武烈河的水环境质量对承德生态文明建设进程起着尤为重要的作用。

(3)武烈河流域地处国家重点流域水污染防治"十二五"规划的水质维护型单元,水质目标完成关系海河流域和河北省水污染防治总体目标实现。

承德市武烈河流域位于滦河流域中游,地处国家《重点流域水污染防治"十二五"规划》中的海河流域于桥水库上游承德唐山控制单元,属水质维护型单元,"十二五"期间国家要求,"滦河大杖子(一)""柳河大杖子(二)"断面水质保持Ⅲ类水质。在此基础上,河北省也加强了对出境断面和潘家口水库水质的考核要求。武烈河、滦河承接了全市域近70%的废水排放,目前的治理水平距离上述要求仍有较大差距。据2012年承德市环境质量报告,"滦河大杖子(一)"断面水质已降至Ⅳ类,超标因子主要为生化需氧量,水环境保护形势不容乐观。

3 编制依据

(1)国家相关法规、政策、标准

《中华人民共和国环境保护法》(2014年4月修订)

《中华人民共和国水污染防治法》(2008年2月修订)

《中华人民共和国水法》(2002年8月)

《国务院关于落实科学发展观加强环境保护的决定》(国发[2005]39号)

《国务院关于加强环境保护重点工作的意见》（国发［2011］35 号）

《全国主体功能区规划》（国发〔2010〕46 号）

《国家环境保护"十二五"规划》

《国家环境保护"十二五"科技发展规划》

《国务院关于进一步加强淘汰落后产能工作的通知》（国发［2010］7 号）

《产业结构调整指导目录（2011 年本）》（发展改革委令 2011 第 9 号）

《关于下达 2011 年工业行业淘汰落后产能目标任务的通知》（工信部产业
［2011］161 号）

《全国重点流域水污染防治规划（2011—2015 年）》

《地表水环境质量标准》（GB 3838—2002）

《城镇污水处理厂污染物排放标准》（GB 18918—2002）

《污水综合排放标准》（GB 8978—1996）

《农村生活污水处理项目建设与投资指南》

《农村生活垃圾分类、收运和处理项目建设与投资指南》

《铁路安全管理条例》

《公路安全保护条例》

（2）地方相关规划及政策

《河北省水功能区划》

《河北省海河流域水污染防治"十二五"规划》

《承德市国民经济和社会发展第十二个五年规划纲要》

《承德市环境保护"十二五"规划》

《承德市农村环境综合整治"十二五"规划》

《承德市"十二五"主要污染物总量控制规划》

《承德市"十二五"水专项规划》

《承德市城市总体规划（2008—2020 年）》

《河北省承德市循环经济发展规划（2011—2020 年）》

《河北省矿产资源总体规划实施管理办法》

《河北省矿山生态环境恢复治理保证金管理暂行办法》（冀国土资发［2006］15
号）

《承德市矿产资源总体规划（2011—2015 年）》

《承德市土地利用总体规划（2009—2020 年）》

《承德市旅游业"十二五"发展规划（2011—2015）》

《承德市畜禽养殖"十二五"规划》

《承德市水产养殖"十二五"规划》

《承德市种植业发展"十二五"规划》

《承德市污水工程专项规划》

《关于开展重污染河流治理攻坚行动的通知》

《承德市武烈河水污染防治实施细则》

《关于实施着力改善"两个环境"重点工作责任目标分解方案》(承办字〔2012〕53号)

《武烈河流域专项整治工作方案》

(3)相关统计资料

《承德市环境质量报告书》,2006—2012年,承德市环保局

《承德市环境统计数据》,2006—2012年,承德市环保局

《承德市地表水环境质量监测数据》,2006—2012年,承德市环保局

《承德市统计年鉴》,2006—2011年,承德市统计局

《承德市水资源公报》,2006—2011年,承德市水务局

《关于武烈河流域污染源调查情况的报告》,2013年,承德市环保局

《承德市武烈河补充监测数据》,2013年,承德市环境监测中心站

《承德县人民政府关于武烈河环境综合整治工作情况的报告》,2013年,承德县人民政府

《隆化县人民政府关于武烈河上游流域专项整治工作进展情况汇报》,2013年,隆化县人民政府

第一部分
现状与形势

第 1 章　流域基本情况

1.1　地理位置

武烈河流域位于华北平原东北部、滦河中游,是滦河流域一级支流,属承德市境内河流。流域涉及承德市双桥区、承德县和隆化县,地理位置位于东经 117°42′～118°26′,北纬 40°53′～41°42′,流域面积 2580 km²。承德市武烈河流域地理位置见图 1-1。

1.2　自然概况

1.2.1　地质地貌

承德市地处冀北燕山东段,位于燕山沉陷带与高原后背斜过渡带,经长期地质变化形成独特的承德丹霞地貌,地势由西北向东南逐渐降低,构成低山环绕的山间盆地,海拔高度为 313～1074 m,属于低山丘陵区。

1.2.2　气候特征

流域所在区域属温带大陆性燕山山地气候,全年受西伯利亚冷气团和副热带太平洋气团的影响,四季分明。春季干旱少雨天气多变,夏季高温多雷雨,秋季天高气爽昼暖夜凉,冬季寒冷干旱少雪。年平均降雨量 562.2 mm,平均气温为8.0℃,年日照时数 2600～3100 h,全年无霜期 110～170 天,封冻期最长 89 天。冬季以偏北风为主,夏季以偏南风为主,年平均风速为 1.4～4.3 m/s。

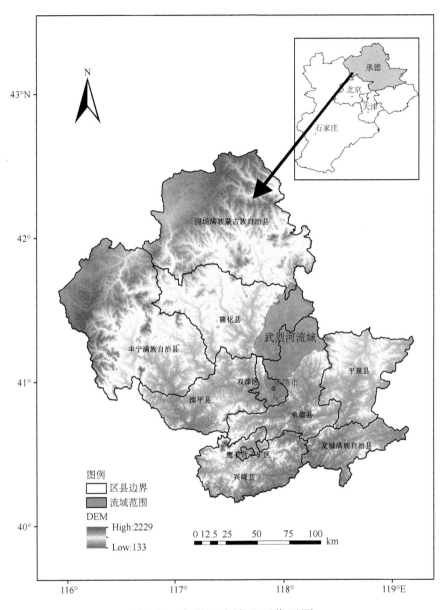

图 1-1　武烈河流域地理位置图

1.2.3　土壤类型

根据土壤发生分类法,武烈河流域内分布的土壤类型涉及 3 个土纲、4 个土类。主要为褐土和棕壤土,分别占流域面积的 46.0% 和 42.87%,其次为风沙土和粗骨土。流域内土壤类型统计见表 1-1。

表 1-1　武烈河流域土壤分类统计

土纲	土类	面积（km²）	占流域百分比（%）
淋溶土	棕壤土	1106.06	42.87
半淋溶土	褐土	1186.88	46.00
初育土	风沙土	258.07	10.00
	粗骨土	28.99	1.13
合计		2580	100

1.2.4　土地利用

武烈河流域主要土地利用类型为灌木林地、草地和旱地,分别占总面积的 64.64%、13.25% 和 12.94%,这三种土地类型占了总面积的 90.83%。耕地中以旱地为主,占耕地面积的 99.02%。流域各类型土地面积统计见表 1-2。

表 1-2　武烈河流域土地利用情况

土地利用类型	面积（km²）	占流域百分比（%）
建设用地	22.52	0.87
旱地	333.87	12.94
水田	3.31	0.13
灌木林地	1663.11	64.46
林地	215.48	8.35
草地	341.71	13.25
合计	2580	100

1.2.5　水系概况

武烈河属海河水系,为承德市"母亲河",发源于围场县道至沟,流经双峰寺镇后纵贯承德市双桥区,至大石庙镇雹神庙村汇入滦河。干流全长 114 km,平均年径流量 2.1724 亿 m³。其上游主要支流有兴隆河、鹦鹉河、玉带河,呈扇形分布。各支流情况如下。

兴隆河:发源于隆化县韩麻营镇,于中关镇烧锅营村汇入武烈河,主河道长 19 km,流域面积 241 km²。

鹦鹉河:发源于围场县东南部兰旗卡伦潘家店村东北的道至沟,南流经冯家店出围场县境入隆化县境,经荒地乡、章吉营乡,于中关镇烧锅营村汇入武烈河,主河道长 70 km,流域面积 765 km²。

玉带河:发源于承德县三道沟门乡七老图山东南麓,于高寺台镇汇入武烈河,主河道长 55 km,流域面积 727 km²。

武烈河地表水系分布见图 1-2。

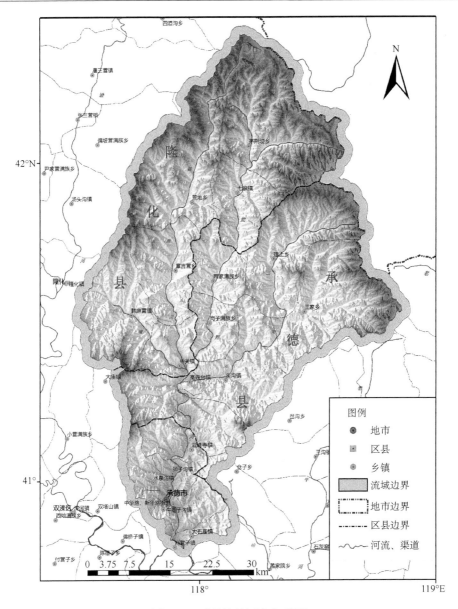

图 1-2　武烈河流域水系图

1.3　社会经济概况

1.3.1　行政区划与人口

武烈河流域涉及双桥区、隆化县及承德县的部分乡镇,共 17 个乡镇和 7 个街道。其中,包括双桥区 7 个街道 5 个乡镇,面积 260.40 km²,占流域面积的

10.09%;承德县的4乡2镇,面积1097.69 km²,占流域面积的42.55%;隆化县的3乡3镇,面积1221.91 km²,占流域面积的47.36%。

2012年末,流域内总人口为51.66万,占承德市总人口的13.99%,人口密度约为200人/km²。其中,流域内双桥区、承德县和隆化县人口分别为32.11万、9.99万和9.56万,分别占流域人口总数的62.16%、19.34%和18.50%。其中,双桥区的人口密度最高,其次是承德县和隆化县。流域内各区县人口具体情况见表1-3。

表1-3 武烈河流域各区县人口情况

县/区	乡/镇	人口(万)
双桥区	双峰寺镇	2.93
	狮子沟镇	2.53
	水泉沟镇	1.78
	牛圈子沟镇	3.77
	大石庙镇	3.36
	西大街街道	2.07
	头道牌楼街道	2.03
	潘家沟街道	2.97
	中华路街道	2.26
	新华路街道	2.42
	石洞子沟街道	3.48
	桥东街道	2.51
隆化县	茅荆坝乡	0.95
	七家镇	1.26
	荒地乡	1.65
	章吉营乡	1.66
	中关镇	1.03
	韩麻营镇	3.01
承德县	磴上乡	1.8
	三家乡	2.41
	两家满族乡	1.06
	岗子满族乡	0.83
	高寺台镇	1.35
	头沟镇	2.54
合计		51.66

1.3.2 国民经济状况

"十一五"期间,承德市经济实现了有史以来最好最快的发展,综合实力显著提升,结构调整取得新进展,基础设施建设实现新跨越,城镇面貌发生新变化。

"十二五"期间,承德市以加快转变经济发展方式为主线,以建设国际旅游城市为目标,围绕"加快发展、加速转型"两大任务,着力调整经济结构,加快发展现代产业,加强生态环境建设,努力实现经济社会发展新跨越。

2012 年,全市经济持续较快增长,经济总量达到 1180.9 亿元。按可比价格计算,同比增长 10.5%,高于全国(7.8%)和全省(9.6%)平均水平 2.7 和 0.9 个百分点。其中第一产业增加值 185.2 亿元,同比增长 4.6%,第二产业增加值 625.4 亿元,同比增长 13%,第三产业增加值 370.3 亿元,同比增长 9.4%,三次产业结构比重为 15.7:52.9:31.4。城镇居民人均可支配收入 18706 元,同比增长 12.4%,农村居民人均纯收入 5546 元,同比增长 12.4%。双桥区完成地区生产总值 132.5 亿元,同比增长 4.2%;其中规模以上工业增加值完成 28.6 亿元,同比增长 2.1%;旅游接待人数 1250 万人次,同比增长 18%。隆化县完成地区生产总值 98.2 亿元,同比增长 11.5%;其中第一产业增加值 24.0 亿元,同比增长 3.9%;第二产业增加值 50.0 亿元,同比增长 16.1%,其中工业增加值 43.1 亿元,增长 16.2%;第三产业增加值 24.2 亿元,同比增长 10.3%。承德县完成地区生产总值 105.2 亿元,同比增长 10.3%;其中规模以上工业增加值完成 47.2 亿元,增长 16.7%。

第 2 章 流域水环境状况

2.1 水资源状况

武烈河流域人均水资源量偏低,人均占有量仅为 379.8 m³,为全国平均水平的 18%,人均水资源占有量远不足 1000 m³,属于极度缺水地区。流域内降水量年内分布不均匀,连续最大四个月降水量出现在每年的 5—8 月,占年降水量的 80% 以上。地下水以浅层地下水为主,水源地产水量逐年减少,且受气候等自然条件影响较大。由于缺乏 2012 年水资源量基础数据,本书采用 2011 年数据作为补充。

（1）降雨量

流域降水量总体趋势是西北少、东南多。2011 年,流域年平均降水量 481.9 mm,同比减少 125.1 mm,比多年平均值减少 51.2 mm,属枯水年份。流域范围内,隆化县、承德县和双桥区的年均降水量分别为 455.1 mm、516.2 mm 和 454.5 mm,同比均有所下降,其中隆化县下降幅度最大,为 29.28%。流域内各区县 2011 年降水量具体情况见表 2-1 和图 2-1。

表 2-1　2011 年武烈河流域各区县年降水量统计表

行政分区	计算面积 (km²)	当年降水量		上年降水量 (亿 m³)	多年平均 降水量 (亿 m³)	同比增加 (%)	比多年 平均水平 增加(%)	丰枯 等级
		(mm)	(亿 m³)					
隆化县	5476.20	455.1	24.92	35.24	27.91	−29.28	−10.73	偏枯
承德县	3720.90	516.2	19.21	23.09	22.35	−16.81	−14.06	偏枯
双桥区	619.64	454.5	2.82	3.86	2.44	−27.11	15.42	偏枯

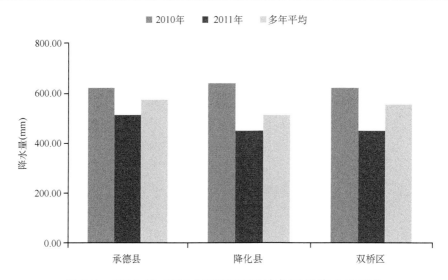

图 2-1　2010 年、2011 年武烈河流域各区县降水量对比

（2）地表水资源量

2011 年，流域地表水资源量为 1.87 亿 m³，同比增加了 0.61 亿 m³，高于历年平均水平的 33.6%。流域范围内，隆化县、承德县和双桥区的地表水资源量分别为 0.88 亿 m³、0.88 亿 m³ 和 0.11 亿 m³，分别占各区县当年全区地表水资源量的 30.4%、34.1% 和 84.6%。其中，2011 年地表水资源量增长的主要原因在于隆化县和承德县的地表水资源量增加。具体情况见表 2-2 和表 2-3。

表 2-2　武烈河流域历年地表水资源量统计表　　　　　　（单位：亿 m³）

年份	合计	隆化县	承德县	双桥区
2008 年	1.74	0.87	0.78	0.09
2009 年	0.72	0.32	0.36	0.04
2010 年	1.26	0.58	0.61	0.59
2011 年	1.87	0.88	0.88	0.11
平均	1.40	0.66	0.66	0.21

表 2-3　2011 年武烈河流域各区县地表水资源量统计表

行政分区	计算面积（km²）	当年地表水资源量（亿 m³）	当年径流深（mm）	上年地表水资源量（亿 m³）	同比增加（%）	入境水量（亿 m³）	出境水量（亿 m³）
隆化县	5476.20	2.89	39.91	2.36	22.3	3.57	5.20
承德县	3720.90	2.58	2G.34	1.72	49.5	9.36	9.89
双桥区	619.64	0.13	75.20	0.21	−39.0	6.36	6.74

（3）地下水资源量

2011 年，流域内地下水资源量为 1.67 亿 m³，同比增加了 0.55 亿 m³，高于历年平均水平的 30.5%。流域范围内，隆化县、承德县和双桥区的地下水资源量分别为 0.74 亿 m³、0.73 亿 m³ 和 0.19 亿 m³，分别占各区县当年全区地下水资源量的 34.7%、32.6% 和 52.8%。其中，武烈河流域 2011 年地下水资源量增长的主要原因在于隆化县和承德县的地下水资源量增长。具体情况见表 2-4 和表 2-5。

表 2-4　武烈河流域历年地下水资源量统计表　　（单位：亿 m³）

年份	合计	隆化县	承德县	双桥区
2008 年	1.56	0.65	0.65	0.27
2009 年	0.76	0.24	0.30	0.23
2010 年	1.12	0.48	0.49	0.15
2011 年	1.67	0.74	0.73	0.19
平均	1.28	0.53	0.54	0.21

表 2-5　2011 年承德市行政分区地下水资源量表

行政分区	计算面积（km²）	当年地下水资源量（亿 m³）	上年地下水资源量（亿 m³）	同比增加（%）
隆化县	5476.20	2.13	1.631	32.18
承德县	3720.90	2.24	1.49	50.57
双桥区	619.64	0.36	0.40	−11.51

（4）水资源总量

2011 年，流域内水资源总量为 2.20 亿 m³，同比增加 37.5%，是 2008 年以来水资源总量最多的一年（表 2-6）。2008—2011 年，流域水资源总量呈现波动趋势，且在 2009 年出现低谷，之后趋于稳步回升的状态。水资源总量年际变化趋势见图 2-2。

表 2-6　武烈河流域历年水资源总量统计表　　（单位：亿 m³）

年份	合计	隆化县	承德县	双桥区
2008 年	2.19	0.93	0.96	0.29
2009 年	1.10	0.39	0.48	0.24
2010 年	1.60	0.69	0.74	0.17
2011 年	2.20	0.99	1.00	0.22
平均	1.77	0.75	0.79	0.23

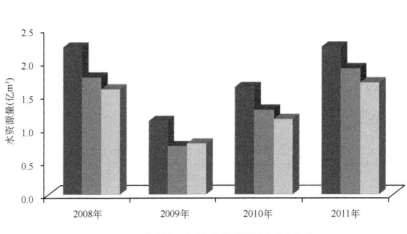

图 2-2　武烈河流域水资源量年际变化

2.2　水环境质量状况

2.2.1　流域水环境质量

（1）水质监测断面情况

流域内现设 4 个常规水质监测断面,分别为双桥区的鼋神庙、上二道河子、旅游桥断面以及承德县的磷矿上游断面,每月进行一次 24 项地表水指标的常规监测。2013 年 7 月和 10 月分别在常规监测点基础上增设了 17 个和 35 个水质监测断面(图 2-3),开展了两次补充监测工作,检测了 pH、铜、锌、铅、镉、砷、铁、化学需氧量、氨氮、高锰酸盐指数、五日生化需氧量、悬浮物、溶解氧、总磷、总氮、阴离子表面活性剂、硝酸盐氮、电导率等主要水质指标。

（2）水质现状

2012 年,武烈河水环境质量状况良好。流域四个常规监测断面中,除磷矿上游断面为Ⅳ类水质外,其余三个断面均为Ⅲ类水质,主要影响因子为生化需氧量和总磷。补测结果显示,鼋神庙断面水质为Ⅳ类,主要影响因子为生化需氧量(浓度为 4.15 mg/L),其余三个常规监测断面水质为Ⅲ类。

以 2013 年 7 月的水质补测结果评价,武烈河干流水质总体为轻度污染,水质优于Ⅲ类的监测断面 9 个,占干流断面总数的 56.25%;Ⅳ类 5 个,分别为喜上喜水泥厂北侧小桥断面、甸子断面、兴盛丽水步行桥断面、云山饭店旱河排水口断面、鼋神庙断面;Ⅴ类、劣Ⅴ类各 1 个,分别为中关镇加油站下游断面和高寺台前沟排水口下游断面,主要影响指标为 COD(最高浓度为 49.1 mg/L)和生化需氧量(最高浓度为 7.78 mg/L)。兴隆河有 1 个监测断面水质为 V 类,为韩麻营镇政府下游断面,主要影响指标为 COD(最高浓度为 32 mg/L)和生化需氧量(最高浓度为 5.93 mg/L)。鹦鹉河四个水质监测断面中,Ⅲ 类、Ⅳ 类的各 1 个,V 类 2 个,主要影响指标为 COD(最高浓度为 32.6 mg/L)和生化需氧量(最高浓度为 6.27 mg/L)。

以 2013 年 10 月的水质补测结果评价,武烈河干流水质总体良好,水质优于 Ⅲ 类的监测点 19 个,占干流总数的 82.61%;Ⅳ 类断面 4 个,主要为武烈河高寺台镇和双峰寺镇河段的监测断面,主要影响因子为生化需氧量(最高浓度为 5.62 mg/L)、COD(最高浓度为 25.2 mg/L)和总磷(最高浓度为 0.23 mg/L),另外,此河段大部分监测断面中铁的含量较高,最高达 1.3 mg/L。兴隆河 2 个水质监测断面分别为 Ⅲ 类和 Ⅳ 类,主要影响指标为 COD(最高浓度为 28 mg/L)和总磷(最高浓度为 0.21 mg/L)。鹦鹉河 5 个水质监测断面全部优于 Ⅲ 类。玉带河 5 个水质监测断面中,Ⅱ 类的 2 个,Ⅲ 类的 1 个,Ⅳ 类的 2 个,主要影响因子为 COD(最高浓度为 25.1 mg/L)。

从上述两次监测结果可以看出,武烈河在汛期超标断面较多,在枯水期超标断面较少,而且汛期超标断面主要分布在矿区至城区河段。可能原因是矿区开采造成矿区环境脏、乱、差,汛期矿区污染物和生活面源随雨水冲刷直接入河,造成水质较差。

具体水质情况如图 2-3 所示。

(3)悬浮物的变化情况

根据 2013 年 7 月补测结果,所取水样大部分为浑浊状态,仅有很少部分为微浑浊状态。武烈河流域悬浮物浓度较高,所测水样中悬浮物浓度超过 150 mg/L 的样品数为 15 个,占总样品数的 71.43%。其中,流域中游矿区河段悬浮物浓度最高,甸子监测断面悬浮物浓度达到最高值,为 2000 mg/L。从图中监测断面位置和监测结果可以看出,在矿山开采区附近的河流段中悬浮物浓度最高,从矿区往下游城市段,悬浮物浓度有降低的趋势。

根据 2013 年 10 月补测结果,处于浑浊和微浑浊状态的样品数有 26 个,占总样品数的 74.29%,矿区上游段悬浮物浓度较低,矿区下游至城市上游段悬浮物浓度较高,从矿区往下游城市段过渡,悬浮物浓度有降低的趋势,这与 7 月所监测的变化趋势基本吻合。矿产资源开采带来的矿区环境破坏可能是造成武烈河干流泥沙淤积、悬浮物居高不下、水质感官差的主要原因之一。

7 月和 10 月各监测点悬浮物浓度情况分别见图 2-4 和图 2-5。

（4）水质年际变化趋势

近几年,流域水质总体情况逐渐好转,部分河段水质较差。以近年流域四个常规断面监测数据进行评价,流域总体水质由重度污染（2006 年、2007 年）、轻度污染（2008 年）逐渐变为良好（2009—2012 年）。其中,上二道河子和旅游桥断面 7 年水质一直保持Ⅲ类;磷矿上游断面 2006—2010 年保持Ⅲ类,2011 年、2012 年水质变差为Ⅳ类;雹神庙断面 2008 年以前水质为Ⅴ类或劣Ⅴ类,之后除 2011 年为Ⅵ类外,其他年份为Ⅲ类。流域常规监测断面近年水质状况见图 2-6。

图 2-3　武烈河流域各监测点水质状况

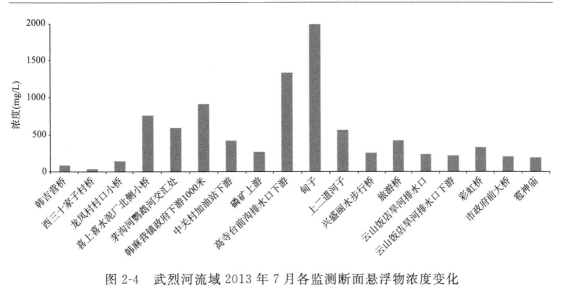

图 2-4　武烈河流域 2013 年 7 月各监测断面悬浮物浓度变化

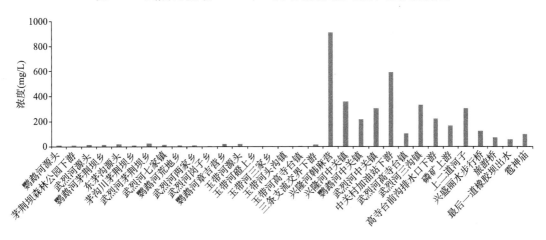

图 2-5　武烈河流域 2013 年 10 月各监测断面悬浮物浓度变化

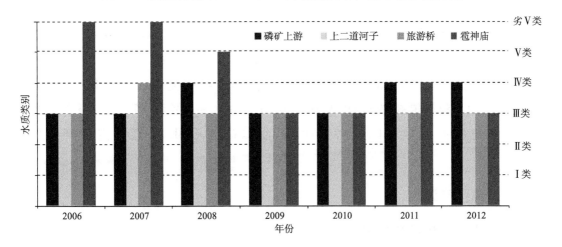

图 2-6　2006—2012 年武烈河流域各常规监测断面水质状况

2.2.2　水源地水环境质量

　　流域内 5 处城市水源地是承德市区的主要饮用水源,均为地下水饮用水水源,以引提河道浅层地下水为主,分别向市区内 5 个自来水厂(一水厂、二水厂、三水厂、四水厂、五水厂)供水。5 处城市水源地每月开展一次 24 项常规指标分析,一年开展一次 39 项全指标分析,2012 年监测结果表明,水源地各项水质指标稳定达到地下水质量标准Ⅲ类标准,满足集中式饮用水源水质要求,全年水质达标率为 100%。5 处城市水源地均按相关要求划分了水源保护区,并于 2009 年获河北省政府批准。武烈河流域 5 处城市水源地基本信息见表 2-7。

表 2-7　2012 年武烈河流域水源地基本情况

水源名称	所在区县	水源类型	埋藏条件	含水介质类型	是否划分保护区	水质是否达标	服务人口(万人)	设计供水量(万吨/年)	实际供水量(万吨/年)	已服务年限(年)
一水厂水源					是	是	6.9	1788.5	927.5	47
二水厂水源					是	是	14.9	4015	1118.8	16
三水厂水源	双桥区	地下水	潜水	裂隙水	是	是	1.4	146	96.1	15
四水厂水源					是	是	1.9	511	246.6	13
五水厂水源					是	是	2.9	730	506.0	10

2.3　流域污染源状况

　　2012 年,武烈河流域废水排放量 2275.07 万吨,COD 排放量 7933.71 吨,氨氮排放量 1109.42 吨。COD、氨氮排放量分别占全市的 16.4% 和 21.6%。分别占滦河流域的 27.7% 和 28%。流域水污染物排放组成见图 2-7,由图可看出,武烈河流域 COD 和氨氮排放以生活源为主,分别占 79.9% 和 97.2%,畜禽养殖排放 COD 和氨氮占总排放比例居其次,工业源排放 COD 和氨氮占总排放比例最低。

2.3.1　工业污染源

　　(1)工业企业数量及分布

　　据承德市环境保护局调查,2012 年武烈河流域各类选矿企业 78 家,主要分布于隆化县、承德县和双桥区境内,其中隆化县 33 家、承德县 41 家、双桥区 4 家。流域内砂场 14 家,主要集中在玉带河头沟段、兴隆河韩麻营段及武烈河干流的高寺台镇、上二道河子水源地上游,包括双桥区 2 家、承德县 8 家、隆化县 4 家。14 家砂场中有 9 家占用河道,5 家占用河岸滩涂地,其中有"三证"(采砂证、工商营业执照、税务登记证)的仅有 5 家。

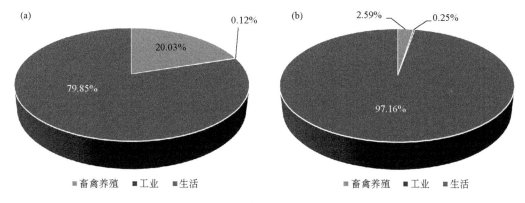

图 2-7　武烈河流域水污染物排放情况

(a)COD;(b)氨氮

另据 2012 年承德市环境统计数据,流域内汇源、露露等食品加工类企业和炼铁、石膏、热力等其他企业分别为 4 家和 12 家,共占企业总数的 19.1%,食品加工类企业实施废水治理后,通过管网排入武烈河(其中有一家企业未处理直接排入城市下水道)。从区县分布情况看,承德县工业企业最多,隆化县次之,双桥区最少,分别为 57、22 和 5 家,分别占总数的 67.9%、26.2% 和 5.9%。各区县工业企业分布情况见图 2-8。

(2)工业污染物排放与治理情况分析

据统计,2012 年,流域内工业废水、COD 和氨氮排放量分别为 106.64 万吨、9.88 吨和 2.78 吨,砷、铅、镉、汞、六价铬等有毒重金属污染物均为零排放。从行业具体情况看,废水排放量主要来源于铁矿采选企业,占总废水排放量的 93.77%;化学需氧量和氨氮排放量全部来源于食品加工类企业。

虽然环境统计数据中工业企业 COD 排放量 9.88 吨,氨氮排放量 2.78 吨,但部分企业 COD 和氨氮排放量的数据可能存在缺失情况,而且调查中发现一些采选矿企业实际运行中存在较重的环境问题,采选矿业对流域环境造成的影响不容小觑。一部分企业尾矿库疏于管理,造成尾矿废水直排,例如,隆化县顺某矿业公司和新某矿业公司是兴隆河的主要污染源;一部分企业存在车间废水跑冒滴漏,造成废水直排,如隆化县三某矿业公司、兴某矿业公司,承德县某集团某铁选厂和元某某矿业公司等;另一部分企业无合法手续,设备简陋,废水直接排入武烈河,如隆化县中关镇的王栅子村某铁选厂、三家村某铁选厂、三家村某钛选厂,承德县高寺台镇某矿石加工厂、北观音堂村某钛选厂、高寺台前沟兴隆街村某铁选厂和承德县强力标某砖厂等 7 家厂,造成中关镇、高寺台镇等局部区域水质污染严重;还有一部分企业未经审批私自改建、扩建生产线,污水防治措施不完善,废水直排河道,如隆化县鸿某矿业公司和承德县某集团一选厂等个别企业。此外,部分已停产企业存在汛期尾矿库内废水外排问题。针对存在以上问题的多数企业,市、县环保局已经开展了清理与整顿工作,对有遗留问题或者需要跟踪监管的企业进行了梳理,重点企业表见附表 2 和附表 3。

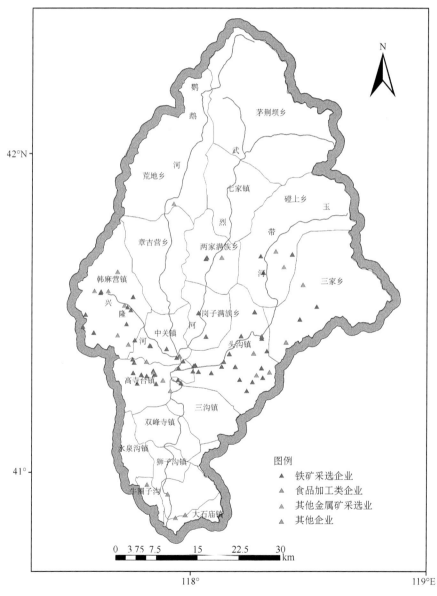

图 2-8　武烈河流域各区县工业企业分布

(数据来源:2012 年环境统计数据)

2.3.2　生活污染源

(1)生活污染物排放量分析

2012 年,流域内生活污水[*]、化学需氧量和氨氮的排放量分别为 2168.43 万吨、0.641 万吨、0.108 万吨。双桥区生活污水、COD 和氨氮排放量分别占总排放量的 62.2%、29.9% 和 49.3%,承德县 COD 和氨氮排放量分别占总排放量的 35.8% 和 25.9%,隆化县 COD 和氨氮排放量分别占总排放量的 34.3% 和 24.8%。双桥区内牛圈子沟镇、石洞子沟街道、大石庙镇、潘家沟街道和双峰寺镇生活污染物排放量较大;承德县头沟镇和三家乡生活污染物排放量较大;隆化县韩麻营镇生活污染物排放量较大。各乡镇生活污染物排放具体情况见表 2-8。

表 2-8　武烈河流域 2012 年各乡镇生活污染物排放情况

县/区	乡/镇	生活污水排放量(万吨)	化学需氧量排放量(吨)	氨氮排放量(吨)
双桥区	西大街街道	86.89	96.34	32.25
	头道牌楼街道	85.21	94.47	31.63
	潘家沟街道	124.67	138.22	46.27
	中华路街道	94.86	105.18	35.21
	新华路街道	101.58	112.63	37.70
	石洞子沟街道	146.07	161.96	54.22
	桥东街道	105.36	116.81	39.11
	水泉沟镇	74.72	82.84	27.73
	牛圈子沟镇	158.25	175.45	58.74
	大石庙镇	141.04	156.37	52.35
	狮子沟镇	106.20	117.74	39.42
	双峰寺镇	122.99	556.11	80.21
	合计	1347.82	1914.13	534.83
承德县	磴上乡	75.56	413.91	50.59
	三家乡	101.16	554.18	67.73
	两家满族乡	44.49	243.75	29.79
	岗子满族乡	34.84	190.86	23.33
	高寺台镇	56.67	310.43	37.94
	头沟镇	106.62	584.07	71.39
	合计	419.33	2297.20	280.77

---

[*]　采取排污系数法进行计算,以流域的供排水量进行适当校正。相关系数参考《第一次全国污染源普查城镇生活源产排污系数手册》,余同。

续表

县/区	乡/镇	生活污水排放量(万吨)	化学需氧量排放量(吨)	氨氮排放量(吨)
隆化县	茅荆坝乡	39.88	218.45	26.70
	七家镇	52.89	289.74	35.41
	荒地乡	69.26	379.42	46.37
	章吉营乡	69.68	381.72	46.65
	中关镇	43.23	236.85	28.95
	韩麻营镇	126.34	692.15	84.60
	合计	401.28	2198.32	268.68
总计		2168.43	6409.65	1084.29

据调查,城区存在 9 处较大的排污口直排武烈河,是城区生活污染治理的重点区域,主要包括上游双峰寺镇至承德医学院段的正兴彩钢排污口、银河福星园排污口、双峰家园小区排污口、环翠山庄小区排污口,安远庙大桥至包神庙段的陈家熏鸡排污口、狮子沟村集中排污口、石洞子沟旱河排污口、新居宅旱河排污口、大石庙旱河排污口等 9 处排污口。

另外,上游一些重点乡镇大量生活污水直排河道。承德县高寺台镇前、后沟村,武烈河沿岸共有龙潭、纪营等 11 个行政村,黑山铁矿社区以及双峰寺镇和狮子沟镇,上述区域存在较多的饭店、宾馆和洗浴场所,由于无乡镇污水处理设施,大量生活污水全部直排武烈河。

随着城镇的发展和人口的增长,生活污染物的排放量也必然会增加,根据 2012 年数据进行测算,2015 年生活污水、化学需氧量和氨氮的排放量分别为 2268.14 万吨、0.678 万吨和 0.114 万吨;2020 年,生活污水、化学需氧量和氨氮的排放量分别为 2394.47 万吨、0.715 万吨和 0.12 万吨。

2012 年,流域共产生 8.67 万吨生活垃圾,主要来源于双桥区。其中,双桥区、承德县和隆化县分别为 5.39 万吨、1.68 万吨和 1.61 万吨。双桥区、承德县和隆化县生活垃圾产生量最大的乡镇分别是牛圈子沟(0.63 万吨)、头沟镇(0.43 万吨)和韩麻营镇(0.51 万吨)。根据 2012 年数据进行测算,2015 年和 2020 年的垃圾产生量分别为 9.08 万吨和 9.58 万吨。具体情况见表 2-9。

(2)生活污染处理现状

流域内现有污水处理厂一座,为承德市城市污水处理有限责任公司,位于武烈河城市段的下游,该厂设计出水水质执行《城镇污水处理厂污染物排放标准》(GB 18918—2002)二级排放标准。处理工艺采用奥贝尔氧化沟工艺,设计污水日处理能力为 8 万吨,主要服务范围为双桥区城区、开发区和高教园区。

表 2-9　武烈河流域各乡镇生活垃圾产生量及预测情况　　　　单位:万吨

县/区	乡/镇	2012 年	2015 年	2020 年
双桥区	狮子沟镇	0.42	0.44	0.46
	水泉沟镇	0.3	0.31	0.33
	牛圈子沟镇	0.63	0.65	0.69
	双峰寺镇	0.49	0.51	0.54
	大石庙镇	0.56	0.58	0.62
	西大街街道	0.35	0.36	0.38
	头道牌楼街道	0.34	0.35	0.37
	潘家沟街道	0.5	0.52	0.54
	中华路街道	0.38	0.39	0.41
	新华路街道	0.41	0.42	0.44
	石洞子沟街道	0.58	0.6	0.64
	桥东街道	0.42	0.44	0.46
	合计	5.38	5.57	5.88
承德县	磴上乡	0.3	0.32	0.34
	三家乡	0.4	0.43	0.46
	两家满族乡	0.18	0.19	0.20
	岗子满族乡	0.14	0.15	0.16
	高寺台镇	0.23	0.24	0.26
	头沟镇	0.43	0.46	0.48
	合计	1.68	1.79	1.9
隆化县	茅荆坝乡	0.16	0.17	0.18
	七家镇	0.21	0.23	0.24
	荒地乡	0.28	0.30	0.31
	章吉营乡	0.28	0.30	0.31
	中关镇	0.17	0.18	0.19
	韩麻营镇	0.51	0.54	0.57
	合计	1.61	1.72	1.8
总计		8.67	9.08	9.58

注:2015 年和 2020 年数据是根据 2012 年数据进行测算后得出。

　　城区管网存在覆盖不全面、部分管网老化问题,造成城区生活污水未能全部收集,直排武烈河或者旱河。主要问题如下:①部分区域污水主管网未覆盖,污水直排入附近的河道。主要涉及双峰寺镇至承德医学院和环城北路狮子沟桥以西区域。双峰寺村排污口、看守所排污口、正兴彩钢排污口、银河福星园小区、双峰家园小区、环翠山庄等污水直排武烈河;狮子沟桥以西区域山庄会馆、七○旅部队、蔬菜批发市场等多家单位及居民的生活污水经化粪池简单沉淀后,排入旱河。②部分旱河周边有污水主管网,但存在分支管网不完善、老化、管径细、标准低、雨污混排等原因,污水就地排放或直排到附近的河道。主要涉及水泉沟旱河沿岸、高庙村及万树园小区东侧狮子沟村的 2000 多户居民;水泉沟旱河段、孟泉沟至头道沟旱河段、荆巴胡同南口、石洞子沟旱河、牛圈子沟旱河和新居宅旱河等旱河沿岸的 100 多家商户。这些区域由于分支管网不完善,居民和商户产生的污水就近排入旱河。水泉沟房产局家属楼排污口、头牌楼三角地段的建安小区排污管道、四人沟漫水桥附近污水管道、大石庙旱河段十二中家属楼及大石庙镇政府家属楼的污水管道等区域因施工或污水管网老化导致污水管网破损严重,致使污水直排旱河。③存在漏(偷)排等来源不明排污或新建小区未接入管网导致的污水直排。孟泉沟至头道沟段旱河北侧的"德润庄园"尚未接入污水管网,致使小区生活污水直排旱河。原统建办门口旱河北岸和新华路段石洞子旱河内云山饭店一侧有较大来源不明的污水通过排水沟或管道直排旱河。

2012 年,污水处理厂实际日处理量为 7.33 万吨,负荷率为 91%,处理生活污水占 90%,工业废水占 10%。污泥实际处置量为 1.63 万吨,主要经压滤脱水后外运堆肥。COD 实际去除量为 0.82 万吨,进出水 COD 浓度分别为 341.30 mg/L 和 35.60 mg/L。氨氮实际去除量为 665.83 吨,进出水氨氮浓度分别为 28.10 mg/L 和 3.20 mg/L。据预测,到 2020 年,太平庄污水处理厂服务范围内的北区、老城区、南区以及西区部分地块污水日排放量将达到 12 万吨左右,远超出正在运行的污水厂实际处理能力,污水处理能力明显不足。

流域内乡(镇)、村生活垃圾处理水平普遍较低,市区及城区近郊的生活垃圾收集转运体系相对完善。流域内下游建有一座垃圾焚烧发电厂,处置城市生活垃圾。部分乡镇、农村设置了简易垃圾填埋点,但多数区域缺乏垃圾收集系统和处置场地,部分垃圾填埋设施的防渗和污水处理设施不足。部分远郊或沿河村存在垃圾就近倾倒、堆放的问题,公路两侧、村乡出入口、沟渠河道两边存在较多垃圾堆,随着雨水冲刷等,对武烈河造成较重污染。

2.3.3　农业及畜禽养殖污染源

(1)畜禽养殖特征分析

根据承德市环境保护局调查,2012 年,流域内共有养殖场(包括规模化养殖场、养殖小区、专业户)193 个,其中猪、肉鸡和蛋鸡养殖场较多,分别为 60、67 和 39 个,共占养殖场总数的 86%,牛、羊养殖场较少,分别为 22 和 5 个。猪、蛋鸡、肉鸡、牛、羊等各类畜禽总数分别为 17400 头、187500 只、598400 只、5283 头、740 只,折算成猪当量共 8.11 万头。各畜禽养殖场数量比例见图 2-9。

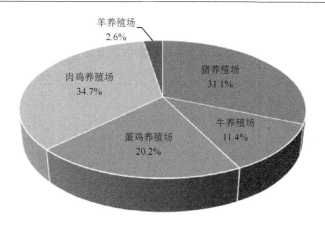

图 2-9　武烈河流域内各畜禽养殖场数量比例

　　从类型和规模上看,流域内规模化养殖场(小区)有 27 家,养殖专业户 166 家,分别占总数的 14.0% 和 86.0%。规模化养殖场(小区)中,猪、牛、蛋鸡和肉鸡规模化养殖场(小区)分别为 12 家、9 家、4 家和 2 家,存栏量分别占各自总存栏量的 50.9%、87.8%、23.5% 和 23.5%。从以上分析可以看出,流域内养殖业规模化程度不高,以专业户分散养殖为主,分散养殖虽然排污强度较小,但污染治理水平低,管理成本较高。

　　从空间分布上看,三家乡、高寺台镇、双峰寺镇、韩麻营镇、岗子乡和两家乡养殖场和养殖量较多。养殖场个数分别为 17 家、20 家、34 家、15 家、25 家和 34 家,分别占流域内总数的 8.8%、10.4%、17.6%、7.8%、13% 和 17.6%,共计 75.2%;养殖量折算成猪当量分别为 20668 头、14891 头、11250 头、7200 头、5472 头和 5200 头,分别占流域总养殖猪当量的 25.5%、18.4%、13.9%、8.9%、6.7% 和 6.4%,共计 79.8%。上述乡镇养殖场数量和养殖量情况如图 2-10 所示。

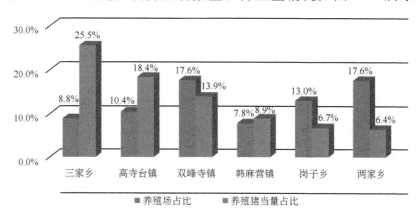

图 2-10　武烈河流域内部分乡镇养殖场和养殖量占比情况

　　流域内各乡镇畜禽养殖具体情况见表 2-10,各乡镇畜禽养殖场点位分布见图 2-11。

表 2-10　武烈河流域各乡镇畜禽养殖情况

区/县	乡/镇	养殖场数（个）	蛋鸡数量（只）	肉鸡数量（只）	猪数量（头）	牛数量（头）	羊数量（只）	猪当量（头）
双桥区	双峰寺镇	34	134000	—	4550	—	—	11250
承德县	磴上乡	9	—	8400	540	190	—	2110
	岗子乡	25	10000	118000	1600	—	—	5472
	高寺台镇	20	—	114000	1930	1370	340	14891
	两家乡	34	5000	138000	940	—	200	5200
	三家乡	17	10000	27000	335	2723	—	20668
	头沟镇	20	4000	191000	885	80	—	7103
	合计	125	29000	596400	6230	4363	540	55441
隆化县	韩麻营镇	15	19000	—	5200	150	—	7200
	中关镇	2	—	—	100	100	—	800
	章吉营乡	3	—	2000	—	150	—	1108
	荒地乡	6	2500	—	—	390	—	2855
	七家镇	3	3000	—	1100	—	—	1250
	茅荆坝乡	5	—	—	220	130	200	1197
	合计	34	24500	2000	6620	920	200	14409
总计		193	187500	598400	17400	5283	740	81100

（2）畜禽养殖污染物排放量分析[*]

2012 年，流域内畜禽养殖化学需氧量排放量为 1514.18 吨，氨氮排放量为 22.35 吨。

从养殖排污量空间分布上看，三家乡和高寺台镇化学需氧量排放量最大，分别为 594.17 吨和 335.52 吨，各占养殖化学需氧量排放量的 39.24％和 22.16％；其次是双峰寺镇和韩麻营镇，化学需氧量排放量分别为 142.0 吨和 94.15 吨，各占养殖化学需氧量排放量的 9.38％和 6.22％。双峰寺镇氨氮排放量最大，为 6.03 吨，占养殖氨氮排放量的 26.95％；其次是韩麻营镇、高寺台镇和三家乡，氨氮排放量分别为 3.48 吨、3.09 吨和 2.62 吨，各占养殖氨氮排放量的 15.59％、13.83％和 11.71％。流域各乡镇养殖污染物排放情况见表 2-11 和图 2-12。

---

[*] 按照"十二五"主要污染物总量减排核算细则计算。

　　从图 2-12 可以看出,韩麻营镇、高寺台镇、双峰寺镇和三家乡畜禽养殖排污强度最大,这 4 个乡镇化学需氧量排放量共 1165.84 吨,占养殖化学需氧量排放量的 77.0%;氨氮排放量共 15.22 吨,占养殖氨氮排放量的 68.08%。

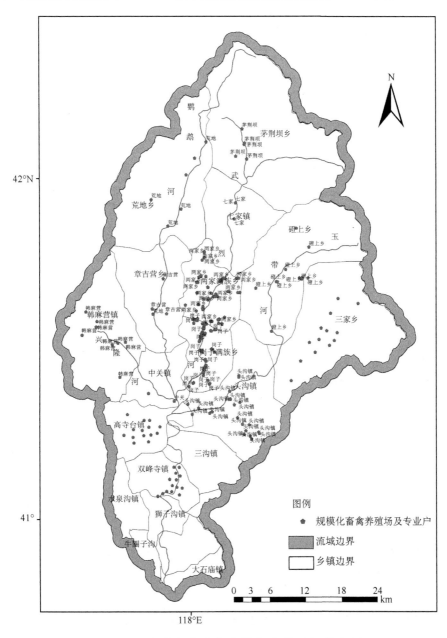

图 2-11　武烈河流域各乡镇畜禽养殖场分布图

(数据来源:2013 年 1 月份调查结果)

表 2-11　武烈河流域各乡镇畜禽养殖场污染物排放情况

县/区	乡/镇	化学需氧量排放量(吨)	氨氮排放量(吨)
双桥区	双峰寺镇	142.00	6.03
承德县	磴上乡	43.40	0.62
	岗子乡	46.24	1.89
	高寺台镇	335.52	3.09
	两家乡	39.30	1.43
	三家乡	594.17	2.62
	头沟镇	65.45	1.74
隆化县	韩麻营镇	94.15	3.48
	中关镇	22.30	0.16
	章吉营乡	28.52	0.11
	荒地乡	69.87	0.29
	七家镇	13.62	0.65
	茅荆坝乡	19.65	0.25
合计		1514.18	22.35

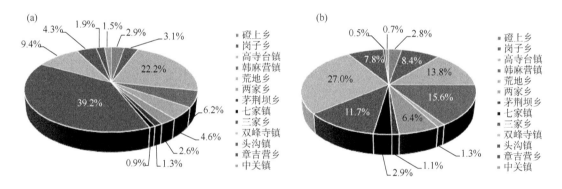

图 2-12　武烈河流域各乡镇畜禽养殖场污染物排放情况

(a)COD 排放量；(b)氨氮排放量

(3)畜禽养殖污染治理与利用分析

流域内畜禽养殖污染治理水平偏低,污染物去除率偏低,养殖污染明显。多数养殖场规模偏小,没有建设防雨防渗和污水处理设施,畜禽粪便就近沿河岸和农田简易露天堆放,随雨水进入河道,尿液的处理以简单存储为主,缺少完善的处理设施。少部分养殖场建有粪便堆存场和有机肥堆肥场,属干清粪方式,采用简单堆积发酵的方式进行处理,无防渗防雨措施。粪污的资源化利用以各家散户自行处理为主,未形成专业化和规模化发展,造成流域畜禽养殖污染以分散排放为主,雨季对水质影响较明显。

结合承德市的作物种植情况,按照每亩地平均每年消纳 2 吨粪便、10 千克氮肥进行分析,双峰寺镇、高寺台镇、中关镇、韩麻营镇、荒地乡和章吉营乡养殖密集区 6.37 万亩耕地一年内约能消纳的畜禽粪便达 12.7 万吨、氮肥需求量为 637.1

吨。主要畜禽的粪便排放量和粪污中氮素的排放量未超出耕地的消纳量,实施沼气工程等粪便的资源化处理措施将有效提高畜禽粪便污染治理能力。

(4)农田种植化肥和有机肥施用情况

流域内化肥施用量较大,有机肥施用量不足,各区域施肥强度差异也较大。隆化县耕地面积 5.69 万公顷,承德县耕地面积 2.78 万公顷,双桥区耕地面积 0.4 万公顷,主要作物类型为玉米、水稻和杂粮。耕地主要集中布局在山间盆地和河谷之中,且破碎化程度较高,集约化利用程度低。流域内化肥年使用量共 11264.6 吨,主要集中在承德县,使用量为 8048 吨/年,占全流域的 71.4%。其中化肥年使用量最大的乡镇为头沟镇,为 3076 吨/年,占承德县的 38.2%。隆化县化肥年使用量最大的乡镇为章吉营乡,为 941 吨/年,占隆化县的 53.5%。双桥区化肥年使用量最大的为大石庙镇,为 832 吨/年,占双桥区的 57.1%。由于各区域耕地面积和化肥使用量的不对等关系,导致各区域化肥的施肥强度差异明显,化肥施肥强度较大的乡镇主要为双峰寺镇、岗子乡、磴上乡、头沟镇、高寺台镇等。流域内有机肥的年使用量较低,不足 700 吨,大多数乡镇未使用有机肥或未统计有机肥使用量,在未来的农田种植中须尤其注意平衡施肥技术的推广,逐步减少化肥的使用量,提高农田有机肥的使用量。

各乡镇化肥和有机肥具体使用情况和施肥强度见表 2-12。

表 2-12　武烈河流域部分乡镇化肥和有机肥使用情况

县/区	乡/镇	耕地面积（亩）	化肥使用量（吨/年）	有机肥使用量（吨/年）	化肥施肥强度（千克/亩/年）	有机肥施肥强度（千克/亩/年）
双桥区	狮子沟镇	2827	36	0	12.73	0
	牛圈子沟	227.27	4.55	2.27	20	9.99
	大石庙镇	13908	832	195	59.82	14.02
	双峰寺镇	965	585	0	606.22	0
承德县	头沟镇	45180	3076	0	68.08	0
	高寺台镇	15375	1029	0	66.93	0
	岗子乡	11535	968	0	83.92	0
	两家乡	18210	780	0	42.83	0
	磴上乡	30870	2195	0	71.10	0
隆化县	中关镇	12375	462	49	37.33	3.96
	章吉营乡	18690	941	332	50.35	17.76
	荒地乡	9882	127	50	12.85	5.06
	韩麻营镇	6425	229	26	35.64	4.05

2.4　污染源解析

　　基于流域—控制单元分区体系,建立了武烈河流域一维水质模型,通过估算各单元城镇生活、畜禽养殖、工业和面源等各类污染物产生量和入河量,结合陆域单元—水系汇流关系,逐级模拟各级河段水质直至流域出口,分析武烈河流域内各控制单元内产排污对主要控制断面水质响应关系。

　　(1)武烈河出口雹神庙断面输入响应分析

　　对武烈河高寺台镇上游来水 COD 负荷、城区及城郊乡镇排放 COD 负荷与武烈河出口断面水质建立输入响应关系,分析结果见图 2-13。

　　从区域污染贡献看,武烈河高寺台镇上游来水污染贡献率最大,占总污染贡献的 39.0%;其次是城区七个街道和双峰寺镇污染贡献率,各占总污染贡献的 29.3% 和 11.1%;上述三个区域共占总污染贡献的 79.4%。大石庙镇、牛圈子沟镇、狮子沟镇和水泉沟镇污染贡献率分别为 6.8%、5.3%、4.9%和 3.6%。

　　从污染来源看,城区污染贡献来自生活污水的排放;双峰寺镇和高寺台镇上游来水污染贡献来自生活污水、生活垃圾污染及畜禽养殖污染。双峰寺镇中生活污染和畜禽污染分别占 86.3% 和 13.7%,高寺台镇上游来水中生活污染和畜禽养殖污染分别占 62.4% 和 37.6%。

　　分析结果表明,城区和双峰寺镇城镇生活污染分别占总污染贡献的 29.3% 和9.6%,控制住城区和双峰寺镇的生活污染就控制了雹神庙断面 39% 的污染物。高寺台镇上游来水生活污染和畜禽养殖污染分别占总污染贡献的 24.3% 和14.7%,控制住高寺台镇上游生活污染和畜禽养殖污染就分别控制了雹神庙断面25% 和 15% 的污染物。城郊 4 个乡镇的生活污染共占总污染贡献的 20%,控制住城郊 4 个乡镇的生活污染就控制了雹神庙断面 20% 的污染物。

　　(2)高寺台镇下游断面输入响应分析

　　高寺台镇及上游各乡镇废水排放量占武烈河流域废水排放量的 50%,COD排放量占武烈河流域 COD 排放量的 70% 以上。对高寺台镇及上游各乡镇排放COD 负荷与下游断面水质建立输入响应关系,分析结果见图 2-14。

　　高寺台镇下游断面的水体污染物源解析:从区域污染贡献看,高寺台镇、头沟镇、韩麻营镇和二家乡污染贡献最大,4 个乡镇总污染贡献率达到 62.2%;章吉营乡、中关镇和七家镇其次,3 个乡镇总污染贡献率为 27.5%;磴上乡、茅荆坝乡、岗子乡、两家乡、荒地乡污染贡献最小,5 个乡镇总污染贡献率为 10.3%。

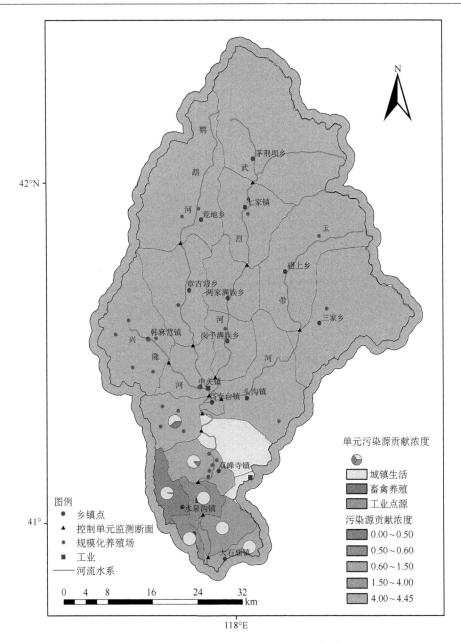

图 2-13　武烈河出口蒄神庙断面输入响应分析结果

从污染来源看,高寺台镇、三家乡、岗子乡和荒地乡污染贡献来自生活污水、生活垃圾污染以及畜禽养殖污染,生活污染和畜禽养殖污染在 4 个乡镇中分别占 81.6%、56.6%、78.3%、75% 和 18.4%、43.7%、21.7%、25%;头沟镇、韩麻营镇、章吉营乡、中关镇、磴上乡污染贡献主要来自生活污水和生活垃圾污染,生活污染分别占 97.9%、96.5%、90.6%、90.7% 和 93.8%;七家镇、茅荆坝乡和两家乡污染贡献全部来自于生活污水和生活垃圾污染。

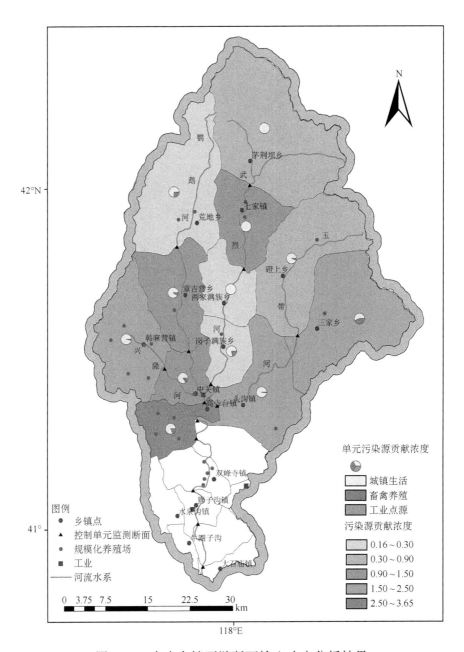

图 2-14　高寺台镇下游断面输入响应分析结果

　　分析结果表明,高寺台镇、头沟镇、韩麻营镇、章吉营乡、中关镇和七家镇生活污染分别占总污染贡献的 19.8%、15.8%、11%、9%、8.4% 和 8.4%,控制住上述 6 个乡镇的生活污染就控制了高寺台镇下游断面 72% 的污染物。三家乡和高寺台镇的畜禽养殖污染分别占总污染贡献的 4.6%、4.4%,控制住上述 2 个乡镇的畜禽养殖污染就控制了高寺台镇下游断面 9% 的污染物。

　　对高寺台镇下游断面的水体混浊度源解析可知,从区域污染贡献看,兴隆河和高寺台镇的支流对武烈河干流水体浑浊度贡献最高,达到 80% 左右。上述区域水体的悬浮物主要来自韩麻营镇、高寺台镇、头沟镇和中关镇采矿企业造成的水体流失、选矿企业排放的尾砂和雨水径流带入的地面沙尘。控制住上述区域的水土流失污染就控制了高寺台镇下游断面 70% 以上的水体悬浮物。

第3章　问题与压力分析

3.1　问题识别

3.1.1　采选矿业造成环境破坏,河道多年淤积严重

承德市蕴藏了丰富的矿产资源,以铁矿、磷矿、钛矿为主的采选矿业是承德市的重要支柱产业。据调查,采选矿业主要分布在武烈河上游河道、河岸两侧,进行采、洗、选矿作业,主要污水处理设施以尾矿库沉淀为主。河道沿岸存在的违法小选厂,多数无合法手续、设备简陋且废水直排河道。部分企业私自改、扩建,环保生产线手续不全,污水处理能力不足,尾矿库疏于管理,跑冒滴漏、废水直排或者汛期废水外排的现象仍较普遍。

武烈河河道淤积、河床破坏情况较为严重。多年累积使得矿区部分河道淤积深度达1~2米,武烈河上游河道多被尾矿砂覆盖,基本难见自然河床,水体悬浮物居高不下,河道泄洪能力下降,地下水补给能力降低,水体水质受到污染,河道生态遭到严重破坏。矿区环境现状见图3-1。

3.1.2　支流水质较差,农村、城郊乡镇污染较重

与武烈河干流相比,支流污染相对较严重。由于生活污水乱排、垃圾散落,以及企业违法排污、建筑垃圾乱堆等原因,部分支流垃圾漂浮物严重、水体黑臭,水质较差,对干流污染贡献较大。

农村及部分城郊污染治理基础设施建设滞后。新农村建设以及城市拓展建设等促进了一部分郊区与农村地区的居民聚集,新建城镇化小区促进居民集中,形成污水规模排放,但配套污水处理设施建设不足,造成居民生活污水得不到收集处理,部分支流区域生活污水无序直排。大部分农村地区的垃圾收集、转运、处理设施滞后,生活垃圾得不到及时收集和处理,大量生活垃圾随意丢弃和堆置,河床、河边、部分旱河道,甚至主干河道已成为农村生活垃圾的主要弃置点。雨季

图 3-1　矿区环境现状

时,大量的生活垃圾随径流进入河道,形成面源污染。与此同时,由于绝大多数养殖户规模偏小,无防雨防渗和废水处理设施,畜禽粪便就近沿河岸和农田简易露天堆放,随雨水进入河道。城郊乡镇及农村污染现状见图 3-2。

3.1.3　城市环境基础设施不完善,中水回用率不足

流域内城镇化的快速发展及人口规模的扩大,导致生活污染物排放量增加,但流域内城镇污水管网建设滞后,覆盖不全面,生活污水收集不全,老旧小区以及城市周边污水直排现象时有发生;与此同时,污水处理厂处理能力和实际不相匹配,导致收集的污水未能全部处理。现有污水处理厂排放标准偏低,处理工艺为二级生化处理,执行《城镇污水处理厂污染物排放标准》二级标准,处理后的生活污水未能综合利用。承德市暂未出台中水回用相关规划,中水利用途径不足,2012 年全年仅有 10% 污水再生回用,中水回用率偏低。城区生活污染现状见图 3-3。

图 3-2　城郊乡镇及农村污染现状

图 3-3　城区生活污染现状

3.1.4　河流生态环境恶化,生态功能脆弱

河道淤积、坡堤破坏问题严重。河沙偷采滥采,部分地区沿河滩地种植,破坏了原有河岸和河道的生态环境;武烈河干流和多个支流河段的尾矿淤积严重,河

岸坡堤已被挖坏、压坏。河道堵塞、河水浑浊,河道自净能力基本遭到破坏。由于河道自然形态破坏较严重,同时流域水资源量偏低,导致河流在枯水季节河道流量严重不足,难以维持河流的自然生态功能。

河道自然形态遭到干扰。为了美化城市环境,武烈河城市段筑起了 12 道橡胶坝进行多级蓄水,满足城市景观和用水需求,有橡胶坝拦截的地方河道水量充沛,无橡胶坝拦截的地方则干涸淤积。橡胶坝阻隔了水生物种的生态通道,影响了水体水文流态,降低了水体自净能力,破坏了河道生境。与此同时,橡胶坝区出现富营养化趋势,对城区段水质影响较大。河流生态环境现状见图 3-4。

图 3-4　河流生态环境现状

双峰寺水库(规划中)蓄水后,原有的部分河流生态系统转变为湖泊生态系统,附近的水文、气候、植被等环境条件以及人为活动方式和强度将发生改变,不可避免地影响周边物种的种类、数量和分布等。工程永久占地将改变原有土地利用类型,使土地原有使用功能丧失,例如,水库建设和运行期间,地表植被破坏,土壤抗蚀性下降,加剧水土流失,对流域生态环境造成一定影响。

水库调度运行会改变河道年内和年际径流规律。水库蓄水运行后,武烈河干流流态将发生改变,库尾区域接近自然河流的原始特征,坝前区显示湖泊特征,水库中间水域位于河流段和湖泊段之间,库区内水体波动减小,水体交换能力降低。大坝上游部分河段由动水变为静水,水文情势发生改变,水生生物的正常生存受到影响;水库运行必然会导致大坝下游下泄水量减少,改变下游原有的水文运动规律,下游生态流量可能会受到较大影响,枯水期城区河段可能面临缺水问题,同时水电站大水年排浑蓄清的运行方式会造成下游部分河段淤积。

3.1.5 环境监管能力不足,环保执法能力不强

武烈河流域环境监管能力不足,环境监测、预警、应急处置和环境执法能力薄弱。市、县级监测监察能力整体薄弱,人员编制配备不足;环境监管基础设施不足,缺乏必要的监测仪器和设备;环境违法监管力度不够,重点工业企业偷排、超标排污、超总量排污的现象不能得到有效遏制。流域环境质量未能做到全面实时监控,水生态监测能力尚属空白,人员数量及业务水平不足,检测手段落后,仪器设备满足不了实际需要,不能及时、准确、全面地反映污染源及环境质量的变化,对环境管理政策的制定造成一定的影响。

3.2 形势与压力

(1)水资源与水环境压力日益加剧,逐渐成为影响民生的环境问题

承德市水资源和水环境的压力日益凸显,承德市人均水资源量为 969 立方米,不足全国平均水平的一半,且河道径流中以洪水期径流为主,过境水较多,可利用水资源较少,水资源的时空分布极不均匀。点源污染排放量逐渐增大,农村面源和生活污染对水环境的压力逐渐增加。水资源短缺、水体感观较差,已成为承德市社会经济发展的重要制约因素。随着城市规模的快速发展和旅游业的激增,将进一步增加流域环境压力。解决水污染与水资源问题,恢复武烈河生态功能,是保障流域内饮水安全,创建美丽承德的必要环境条件,是解决民生问题的必然要求。

(2)工矿企业环境污染防治难度依然较大,还未形成健康循环发展的产业链

矿产资源开发是承德市的重要经济来源,目前矿产资源开发产业链不完善、尾矿资源利用率低、矿产资源可持续开发技术不够先进,是矿区环境污染的根本原因,矿区环境管理和污染防治难度仍然较大。继续优化产业发展,提升矿产行业经济规模,延长矿产行业产业链,是未来承德市矿产资源开发优化发展的重要方向。加强采选矿业的环境整治,促进产业健康循环发展,落实矿区生态修复和

尾矿综合治理,是解决流域水环境问题,促进流域内经济发展优化的有力手段。

(3)生态治理水平不高,生态市县的建立基础不足

发挥承德市生态优势,必然要从根本上解决城市、农村的环境问题。目前部分支流"有河皆污、有河皆干",部分农村地区"垃圾、污水遍地",城区与重点镇污水收集处理仍有缺口,水资源保障体系缺失,迫切需求提升生态治理水平。系统建立城镇水污染治理与水资源保障体系,切合实际建立城镇、农村环境清洁体系,是解决农村问题、建立生态市县的必然手段,是承德生态立市的根本保障。

(4)水环境质量现状距国家、省级考核要求仍存在一定差距

武烈河作为滦河一级支流,对滦河的水质和水量影响较大,负有保障天津市饮水安全的重要任务。国家《重点流域水污染防治"十二五"规划》将武烈河流域置于"于桥水库上游承德唐山控制单元",要求维护水质,促使相应断面水质保持Ⅲ类水质。河北省也加强了对出境断面和潘家口水库水质的考核要求。武烈河、滦河承接了全市域近70%的废水排放,目前的治理水平距离考核要求仍有较大差距。开展专项规划、落实水环境保护任务是实现水环境保护目标与要求的必要措施,是完成国家、省级考核任务的必然要求。

第二部分
总体设计

第 4 章　规划要求

4.1　指导思想

深入贯彻落实党的十八大生态文明建设精神,紧扣京津冀水源涵养的保护要求和承德市经济社会发展全局,以提升流域水体感官与生态建设水平为出发点,以水环境质量改善为核心,突出解决沿河城镇污染、重点河段与矿区生态环境破坏、农村污染等重点问题,强化流域水源涵养和长效机制建设,提升全流域生态建设和环境管理水平,形成武烈河流域水质与生态功能逐步恢复,循环经济与新型城镇化基础设施建设逐步推进,多方协同共管的良好局面,打造出生态优化、环境友好、和谐发展的流域环境保护新模式。

4.2　基本原则

(1)紧扣民生,促进水体还清与重点问题解决

在全面规划武烈河流域环境保护工作的同时,紧扣民众关注的重点环境问题,强调武烈河流域矿区环境、支流水质、城镇水资源、农村清洁工程等群众关注的重点问题的解决,强调与各地政府"促进水体还清"等治理目标的吻合,全面改善河流水质,保障饮水安全,恢复河流生态功能。

(2)因地制宜,环保与经济协调发展

针对武烈河流域的环境保护现状和经济发展实际,坚持科学规划、合理规划,推进适合当地特点的环境管理模式建设。正确处理武烈河流域水污染防治工作与经济发展的关系,强化对产业结构与发展布局的不断优化,做到在经济发展中保护水环境,在水环境保护中促进经济发展。

(3)机制创新,强化监管与考核

针对武烈河突出环境问题,强调机制创新体系建设,逐步形成完善的水环境

保护长效机制。以解决流域内重点问题为前提,以夯实水环境治理成果为重点,从矿企管理、环境监测等重点方面加强环境监管能力建设。

坚持问责制度建设,强化矿区环境质量考核,强化政府的环境保护责任,将水污染防治工作目标、任务和措施层层分解,加强联合执法,明确分工与职责。加强目标责任落实与考核评估,完善奖惩办法,推进水环境有效保护。

4.3　规划范围与时限

（1）规划范围

武烈河流域所辖的区（县）、乡镇、农村以及流域内所有干支流,包括承德市双桥（部分）、隆化（部分）、承德（部分）三区县,共 24 个乡镇及街道。

（2）规划时限

规划基准年为 2012 年;近期实施期限为 2014—2017 年;远期实施期限为 2018—2020 年。

4.4　规划目标

（1）近期目标

到 2017 年,流域污染源基本得到有效控制,稳步推进城市及建制镇生活污水和生活垃圾处理,试点推进农村生活污水和生活垃圾处理,全面取缔违法企业;干流水质保持稳定,功能区水质达标率达到 100%,重点河段水体还清,支流黑臭问题基本解决,武烈河生态环境功能有所改善,基本建成国家水源涵养生态功能示范区;全面推进节水型社会建设,初步建立河流管理"河长制",环境监管能力明显加强,流域水污染综合防治体系基本形成。

（2）远期目标

到 2020 年,流域污染源得到全面治理,城市及建制镇生活污水和生活垃圾处理全覆盖,有条件的农村生活污水和生活垃圾处理全覆盖;干流水质明显改善,全河段水体还清,支流水质问题基本解决,武烈河生态功能得到恢复;节水型社会基本建成,水污染防治机制完善,流域水污染综合防治体系全面形成。

（3）水质目标

流域内各控制断面水质目标详见表 4-1。

表 4-1　控制断面水质目标表

所在河流	断面位置	水质现状	2017 水质目标	2020 年水质目标
武烈河	武烈河七家镇出境断面	Ⅱ类	Ⅱ类	Ⅱ类
武烈河	武烈河中关镇出境断面	Ⅳ类	Ⅲ类	Ⅲ类
武烈河	武烈河高寺台镇出境断面	Ⅳ类	Ⅲ类	Ⅲ类
武烈河	武烈河狮子沟断面(旅游桥断面)	Ⅲ类	Ⅲ类	Ⅲ类
武烈河	武烈河城区下游断面(霍神庙断面)	Ⅳ类	Ⅲ类	Ⅲ类
兴隆河	兴隆河韩麻营镇出境断面	Ⅳ类	Ⅲ类	Ⅲ类
鹦鹉河	鹦鹉河中关镇出境断面	Ⅳ类	Ⅲ类	Ⅲ类
玉带河	玉带河头沟镇出境断面	Ⅲ类	Ⅲ类	Ⅲ类

第5章　规划分区与重点任务

5.1　规划分区

结合流域的自然特征、污染源分布等,针对流域水污染防治工作重点,分区分解落实防治任务,解决流域目前突出的环境问题,随着规划的逐步实施和问题的解决,可根据实际调整分区及任务。将武烈河流域划分成"生态恢复带""生态涵养区""重点乡镇治理区""矿山污染防治区"和"城市综合环境提升区"一带四区,在不同区域内,基于不同区域特征问题和主要任务,进一步划分成11个控制单元,针对农业源治理、采选矿企治理、生活污染治理、干支流生态修复、水土涵养与生态保护等重点分别设定治理方向,有目标、有重点地分解落实规划主要措施。

各控制单元重点任务以分解落实规划近期措施为主,中长期措施需要根据未来环境质量和主要问题的变化在规划实施中期适当调整后再行落实。具体分区情况如表5-1和图5-1所示。

表 5-1　武烈河流域治理分区及控制单元划分具体情况表

治理分区	控制单元	乡镇	控制断面	所在河流	水质现状	超标因子（最大浓度）
生态涵养区	茅荆坝乡水土涵养功能单元	茅荆坝乡	武烈河茅荆坝乡出境断面	武烈河	Ⅲ	—
	荒地乡种养循环推广单元	荒地乡	荒地乡断面	鹦鹉河	Ⅱ	—

续表

治理分区	控制单元	乡镇	控制断面	所在河流	水质现状	超标因子（最大浓度）
重点乡镇治理区	章吉营乡和七家镇典型乡镇治理单元	章吉营乡、七家镇、中关镇（部分）	武烈河七家镇出境断面	武烈河	Ⅱ	—
			鹦鹉河章吉营乡出境断面	鹦鹉河	Ⅲ	—
			武烈河中关镇出境断面	武烈河	Ⅳ	COD(25.2 mg/L)、总磷(0.23 mg/L)
	两家乡和岗子乡畜禽养殖污染防治单元	两家乡、岗子乡	武烈河岗子乡出境断面	武烈河	Ⅱ	—
	磴上乡和三家乡农村生活污染治理单元	磴上乡、三家乡	玉带河磴上乡出境断面	玉带河	Ⅳ	COD(22.4 mg/L)
矿山污染防治区	韩麻营镇和中关镇矿企治理能力提升与支流生态恢复单元	韩麻营镇、中关镇（部分）	兴隆河韩麻营镇出境断面	兴隆河	Ⅳ	COD(28.0 mg/L)、总磷(0.21 mg/L)
			武烈河中关镇出境断面	武烈河	Ⅳ	COD(25.2 mg/L)、总磷(0.23 mg/L)
	头沟镇矿山生态恢复治理单元	头沟镇	玉带河头沟镇出境断面	玉带河	Ⅱ	—
	高寺台镇矿区支流治理与矿企环境治理单元	高寺台镇	磷矿上游断面	武烈河	Ⅲ	—
			武烈河高寺台镇出境断面	武烈河	Ⅳ	生化需氧量(4.65 mg/L)
城市综合环境提升区	双峰寺水库周边生活污染治理与生态农业示范单元	双峰寺镇、三沟镇（部分）	武烈河双峰寺镇出境断面（上二道河子断面）	武烈河	Ⅲ	—
	水泉沟镇和狮子沟镇城乡结合部治理单元	狮子沟镇、水泉沟镇	武烈河狮子沟断面（旅游桥断面）	武烈河	Ⅲ	—
	城区环境治理能力提升单元	城区	武烈河城区下游断面（雹神庙断面）	武烈河	Ⅳ	生化需氧量(4.15 mg/L)

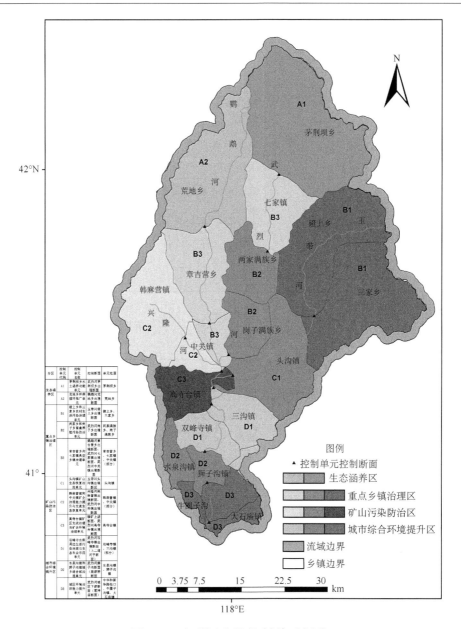

图 5-1 武烈河流域控制单元划分

5.2 重点任务

(1)生态恢复带

生态恢复带以河流为主体实施,以恢复干支流生态功能为主,开展河道清淤疏浚、生态护坡工程,结合河流水质净化工程,改变河道感官现状,改善河流水质。

（2）城市综合环境提升区

城市综合环境提升区以生活污水全处理为目标，加快城市污水处理厂升级改造，配套完善污水收集管网和截污导流工程，推进中水回用工程建设，将污水处理厂出水分别回用于工业用水、城市绿化用水等，强化试点水库周边生态农业现代化，建设无化肥农业区和有机食品基地，减少农业面源污染。全面改善城区及城郊乡镇生活污染，提升污染治理能力，保障武烈河城区段水质。

（3）矿山污染防治区

矿山污染防治区以恢复矿区生态环境和乡镇生活污水治理为目的，改善中游干支流水质。全面推进矿区乡镇生活污水处理设施及配套管网建设，减少生活污水直接排放，强化重点规模化养殖场污染治理，控制面源污染排放，加强矿区企业废水治理，实现工业废水零排放，强化矿区生态复绿和环境清理，改善矿区水土流失。

（4）重点乡镇治理区

重点乡镇治理区以农村生活污染治理和畜禽养殖专业户治理为主，推动畜禽养殖资源化综合利用，推动乡镇生活污水治理，构建农村生活垃圾处理模式和试点农村生活污水治理，防治区域面源污染。

（5）生态涵养区

生态涵养区以水源涵养为目标，维护上游原生态环境。科学实施农业节水、节肥、节药等技术推广，加强生态种养循环，实施"粪便—沼气—作物、秸秆—沼气—作物"种养循环生态农业示范工程，减少农业面源的污染，注重生态涵养林建设与鱼虾产卵场保护工程建设等，保持自然生态，提高源头区水土涵养能力。

第三部分
突出重点，落实污染问题控制

　　流域污染控制以城镇生活污染和畜禽养殖污染治理为重点，同时实施矿区环境综合治理，兼顾重点河段的治理。流域污染控制的重点区域为城区、城郊乡镇及中游重点乡镇区域，要求该区域加大治污力度，确保该区域污染物削减要求，保障武烈河水质。2017 年前应完成的项目，以城乡生活治污项目为主，同步实施畜禽养殖污染治理项目和矿企废水治理项目，兼顾实施重点河段和旱河综合整治项目以及城区河段富营养化预防；2017 年后以矿区生态恢复项目为主，同步实施农村生活污水治理试点项目。

第 6 章　切实抓好沿河城镇污染源治理

推行城镇污染治理设施分级建设,分别建设市区生活污水处理系统和重点乡镇污水处理系统。依据武烈河干流优先保护、特殊乡镇(区域)重点保护的原则,全面消除城镇生活污水直排现象。依托市区原有基础,继续完善城区污水收集处理设施,提升市区生活污水处理水平;结合乡镇人口分布和地形走势等,以重点乡镇为中心,带动周边村镇污水处理,形成"以点带面、点面结合"的重点乡镇生活污水处理系统,确保流域乡镇生活污水的达标排放。

近期(2014—2017 年)实施太平庄污水处理厂改扩建与配套管网工程,解决城区生活污水处理能力不足的问题,控制雹神庙断面 50% 的污染;实施高寺台镇、头沟镇、韩麻营镇、中关镇、七家镇和章吉营乡 6 个乡镇生活污水处理设施建设工程,解决乡镇生活污水直排问题,控制雹神庙断面 35% 的污染和高寺台镇下游断面 66% 的污染。

远期(2018—2020 年)实施韩麻营镇、高寺台镇生活污水中水回用工程,解决生活污水资源化利用问题。

6.1　完善市区生活污水处理系统

6.1.1　推进污水处理厂提标扩容改造

扩大太平庄污水处理厂处理规模,提高太平庄污水处理厂出水水质标准,提升城市污水处理能力。在保证现有处理能力正常稳定的基础上,加快实施二期 7 万吨处理能力的扩容工程建设,并预留三期建设条件。对太平庄污水处理厂进行提标改造,提高现有出水水质标准,力争在 2017 年前完成升级改造及配套工程建设,使出水水质提升至一级 A 标准。

6.1.2　促进城市污泥安全处理处置

按照"减量化、无害化、稳定化"的原则,逐步推进承德市污泥资源化综合利用进度。重点落实城市污水处理厂污泥安全处置工作,加快实施 200 吨/日的污泥无害化处置工程建设,确保工程按期顺利完工,解决市区的污泥无害化处置问题。同时对污泥产生、收集、转运和处理全过程进行规范化管理,加强污泥处理处置重点环节的重点监管。因地制宜,积极采取污泥制砖、制肥等多用途资源化利用方式处置污泥。

6.1.3　完善污水处理配套管网建设

完善城区及城乡结合部污水处理配套管网建设,实现城市污水处理管网全覆盖,达到城市污水收集覆盖率 100%。以新建北区污水管网系统和改扩建老城区管网系统为主,重点加快城区北面狮子沟、双峰寺镇等地区主、支管网建设,消除城乡结合部、平房区生活污水直排。向西延伸城市污水干管,收集党校及新建小区等的生活污水,对直排入雨水沟及旱河的污水就近收入污水管网。北区管网系统包括沿老西营滨河路—石北沟路设污水主干管至武烈河下游老城区污水主干管、双峰寺滨河东路和西路污水支干管、老 101 路污水支干管等。利用旧城改造契机,进行老城区污水管网改造,对污水量增大、排水集中的老城区进行新建(扩建)污水管网工程,对老化、坡度小、排水能力低的管网进行重新铺设。对新建城区、新建住宅小区雨污水管道串接的地区,全面实施雨污分流管网建设。老城区管网系统包括普宁寺支干管、二仙居旱沟南北侧污水支干管、狮子沟污水支干管、石洞子沟污水支干管、牛圈子沟污水支干管等。

6.1.4　规范管理城市粪便处理和餐厨废弃物收集与无害化处理

制定城市粪便处理相关要求和制度,明确化粪池管理的责任问题,规范化管理粪便清理运输处理。化粪池要按时进行清理,对化粪池抽出的粪便进行相应无害化处理,禁止粪便偷排偷倒。在时机和条件成熟时,建设城市粪便集中处置中心,对粪便进行无害化集中处置,彻底解决城市粪便的最终去向问题。

对餐厨废弃物进行规范管理,集中收集、运输,进行无害化处理。对全流域范围内的各类食品加工企业、餐饮服务单位,以及机关、企事业、部队、学校、医院等内部食堂或餐厅产生的食物残渣、残液、废料和食用油脂等废弃物进行集中收集和无害化处理。餐饮单位、集体食堂配置油水分离装置和收集装置,集中建设资源化利用与无害化处理设施,建立收运台账和处理监控等电子信息管理平台。

6.2　推进重点乡镇污水处理设施建设

依据乡镇发展规划、所处的地理位置和对河流的水环境影响重要性,考虑在流域范围内优先选择韩麻营镇、高寺台镇、中关镇、头沟镇和七家镇温泉峡谷实施乡镇污水处理设施建设,逐步推进章吉营乡污水处理设施建设。

6.2.1　建设重点乡镇污水处理设施

结合乡镇经济发展水平和地理位置,因地制宜选择合适的污水处理技术,实施重点乡镇污水处理设施及配套收集管网建设工程,逐步推进流域乡镇生活污水处理,改善河流沿岸乡镇生活污水直排现象。在流域乡镇基础设施完善的基础上,在高寺台镇、中关镇、韩麻营镇、头沟镇重点乡镇以及温泉峡谷分别建设氧化沟等污水处理设施;在章吉营乡分别建设接触氧化池等污水处理设施。具体建设规模须根据服务人口、未来发展情况确定,6 个乡镇形成约 1.1 万吨/日的处理能力。各乡镇污水处理设施的建设情况参见表 6-1。

考虑乡镇所处的地理位置和污水处理工艺,同时充分发挥水环境自净能力,建议高寺台镇、中关镇、韩麻营镇、头沟镇和七家温泉峡谷污水处理出水水质执行一级 A 标准,章吉营乡污水处理出水水质执行二级标准。

表 6-1　各乡镇污水处理设施建设情况

污水处理设施名称	2015 年预测服务人口(万)	建设规模(吨/日)	建设地点	收集范围	排放标准
高寺台镇污水处理设施	1.5	2000	镇驻地	镇驻地及前后沟的几个村	一级 A 标准
中关镇污水处理设施	0.55	1000	镇驻地	镇驻地及周边村	一级 A 标准
韩麻营镇污水处理设施	1.61	2500	镇驻地	镇驻地及周边村	一级 A 标准
头沟镇污水处理设施	1.36	2000	镇驻地	镇驻地及周边村	一级 A 标准
温泉峡谷污水处理设施	1.34	2000	温泉村	茅荆坝村,温泉村周边村	一级 A 标准
章吉营乡污水处理设施	0.89	1500	乡驻地	乡驻地及周边村	二级标准

注:表中 2015 年预测服务人口为根据 2012 年数据测算所得。

6.2.2　合理处置污水处理厂污泥

基于“减量化、无害化、稳定化”的原则,配套开展乡镇污泥处理设施建设。结合乡镇污水处理厂分布及污水处理工艺特点,采用厂内污泥浓缩脱水＋外运堆肥模式对乡镇污泥进行处理处置。各乡镇污水处理厂建设污泥浓缩脱水设施,保证污泥脱水至含水率80％以下,就近运送至生活垃圾填埋场、生活垃圾处置厂和有机肥厂,对污泥进行安全无害化处置。

6.3　实施城乡再生水利用工程建设

结合太平庄污水处理厂升级改造工程的实施,推动污水处理厂再生水利用工程建设。在太平庄污水处理厂配套建设处理能力12万吨/日左右的中水回用工程,采用"物化＋消毒"工艺,同时对污水处理厂部分尾水进行三级深度处理。加快建立再生水生产运营监管体制,实施再生水处理设施保质保量运行。同时积极扩展周边承德热力集团有限责任公司等工业用水大户的接入,实现水资源循环利用与污染物同步削减。

实施高寺台镇、韩麻营镇生活污水中水回用工程建设,出水回用于矿区采选矿企或补给河流生态流量,减少生活污水直接排放和矿企河道水资源开采。结合采选矿用水和河道补水水质要求,合理设计乡镇再生水处理工程,配套建设相应输水管网,确保再生水稳定运行与企业用水供应。

6.4　深入开展城镇生活节水

加快城镇生活供水管网改造,降低管网漏损率,减少输配水和用水环节的跑、冒、滴、漏,并将管网漏失情况作为水价拨付和调整的重要依据。大力推广使用生活节水器具,因地制宜建设公共建筑、住宅小区中水利用设施。推动城市生活小区非常规水利用示范工程建设。研究建立城市推行节水考核通报制度,将节水纳入城市人民政府政绩考核。逐步实施阶梯水价,改进居民用水计量方式。通过新闻媒体、政府网站等介质,加大节水宣传力度,提高居民节水意识,减少用水浪费。

第 7 章　从严控制矿区环境破坏

重点对高寺台镇、头沟镇、韩麻营镇等矿区进行治理,这部分矿区采选矿企相对集中,企业废水治理缺口大,河流淤积、矿山水土流失现象普遍,矿区环境较差,已对武烈河流域生态造成较大影响。以这部分重点镇作为首批重点治理区域先行开展,试点成功后逐步推广对流域内其他矿区开展环境集中治理。

近期(2014—2017 年)实施高寺台镇 26 家选矿企业周边环境清理工程、韩麻营镇和头沟镇 24 家选矿企业废水处理设施改建工程,实施韩麻营镇和头沟镇 24 家尾矿库生态恢复工程,实施矿区支流河流清淤疏浚工程,实施头沟镇、高寺台镇和韩麻营镇 20 家矿山生态恢复工程,解决矿区废水治理和河道尾砂淤积问题,逐步改善矿山开采造成的水土流失问题,改善流域水体混浊现状,控制高寺台镇下游断面 70% 的水体悬浮物污染。

7.1　完善矿区矿业废水处理设施建设

针对韩麻营镇和头沟镇的多家选矿企业,实施矿业废水处理设施改扩建工程,加强废水处理设施的管理维护。选择韩麻营镇铁某矿业、顺某矿业和新某矿业 3 家磷选矿企业,改进废水处理工艺,配套新建混凝沉淀等化学处理工艺的二次沉淀池,处理规模与生产相匹配,对废水中悬浮物、浮选剂等污染物进行处理;选择韩麻营镇双某矿业、众某矿业等 9 家铁选矿企业和头沟镇鼎某矿业、宝某矿业等 12 家铁选矿企业,对现有沉淀池处理设施进行完善改造,改造现有沉淀池,扩建沉淀池容积等,沉淀处理可以选择辐流式沉淀池工艺,提升沉淀处理效果。适当扩大处理能力,使其与生产能力相匹配,并预留突发状况的处理能力。

完善选矿企业废水收集管网建设。对现有管网破旧和漏损严重的进行更新改造,对现有收集管网覆盖不全或无管网的新建废水收集管网,保证尾矿废水全收集,杜绝跑冒滴漏和偷排漏排现象。同时对选矿企业厂区及尾矿库排水沟渠、雨洪沟渠等排水设施进行改造并定期进行维护,保证沟渠畅通完好。

流域内所有选矿企业必须建立与生产能力相符的废水处理设施,保证废水处理设施安全稳定运行,不出现跑冒滴漏等问题。未按要求建设相关处理设施的,应尽快建设处理设施;相关处理设施老化陈旧、规模不符、跑冒滴漏严重的,应加快现有处理设施改造进度。提高选矿企业废水处理效果和处理能力,逐步改善选矿企业废水治理现状。

7.2　强化矿区支流环境综合治理

科学实施兴隆河韩麻营镇段以及高寺台镇前后沟支流尾砂清淤疏浚工程,清淤以清除河道表面积存的矿砂为主,清淤深度以出露原有河床面为准,清淤疏浚过程保证矿砂淤泥的安全处理,同时对一些依河而建的部分尾砂处理设施进行拆除。合理考虑设置矿区支流塘坝等拦砂工程,有效拦截上游泥沙和尾砂,并定期开展塘坝清淤。拦砂坝以多级坝为主,并考虑汛期的行洪安全,在支流汇入处选择空地建设一定库容的沉淀塘,枯水期将支流引入沉淀塘沉淀后再汇入河道,汛期根据支流流量选择部分来流进入沉淀塘沉淀。

实施清淤河段河岸生态缓冲带的建设,对河岸两边人为活动不密集的河岸段建设自然河岸,建议采用种植喜水植物等构成自然缓坡式河岸结构,对河岸两边人为活动较密集的河岸段建设多孔质结构的河岸,建议采用干砌块石等构成带有孔状的河岸结构。

加强矿区河流环境保护与监管,定期开展河流的环境巡查(每月至少一次),禁止矿企向河流偷排漏排尾砂和尾水等行为,一经发现即做出停产整顿等处罚措施,禁止沿河乱堆垃圾、乱排生活污水等行为。

7.3　落实矿区生态环境修复与治理

实施重点矿区生态环境修复与治理,落实矿山与尾矿库生态修复,落实矿区环境清理,控制矿区水土流失和面源污染,逐步推动矿区全面生态恢复。

采用工程措施、绿化措施和水利配套设施建设,科学实施头沟镇和韩麻营镇的鼎某矿业、宝某矿业、顺某矿业和新某矿业等 24 家尾矿库的复绿工程,提高复绿面积,提升复绿效果。注重防洪、集雨工程建设,避免雨洪冲刷和水土流失,同时建设相应的配套蓄水供水设施保证种植植物成活。在植树造林工程中,针对尾矿库土壤贫瘠问题,可以采取土壤改良和表层土壤覆盖技术,依据不同的尾矿性质选择不同的技术方法,推荐部分尾矿库引入流域内有机肥厂生产的有机肥,改善尾矿库土壤肥效。综合运用集水技术、保水剂、地膜或植物材料覆盖、营养袋容器苗、生根粉处理等抗旱造林技术，优先选择乡土树种、耐瘠薄、抗逆性强的树种（如沙棘、紫穗槐、旱柳、刺槐、马鞭草、铁线草、夹竹桃等物种），实施生态植被恢复，植被恢复后期应加强绿化造林的管理维护。

实施头沟镇、高寺台镇和韩麻营镇的新某矿业、大某矿业、黑某矿业、新某矿业和吉某矿业等 20 家重点矿山生态修复工程，逐步改善矿山的生态环境。对生产矿山，积极推行地下开采方式，完善开采过程剥离的表层土和废弃矿渣分开堆存场所建设，配套相关排水设施、挡土墙和边坡防护工程等，裸露的地表及渣石堆场撒播草籽，上风向种植防护林。对露天开采闭坑矿山进行削坡排危岩，加固和保护再生矿渣边坡，清整采矿平台，实施生态重建。对地下开采闭坑矿山实施采空区回填及复绿工程，回填材料选择废矿渣、尾矿干粉等。复绿工程选择有机肥来改善土壤肥力，植被种植选择抗逆性强、根系发达、耐瘠薄、抗干旱、生物量大、生长迅速、对土壤要求不高的优良乡土植被和树种；已实施复绿的矿山加强后期绿化造林管理维护，适时进行基建修补、追肥、浇水、防冻、植物补种和病虫害防治等。

实施高寺台镇 11 家已停产选矿企业和 15 家运营选矿企业厂区及周边、道路两侧等环境治理工程，逐步改善矿区的综合环境。厂区外围和道路两侧绿化以种植草坪、灌木、防尘防护林为主，减少矿区砂石和周边水土流失，防护林选择当地耐污性强、耐贫瘠的树种；集中对矿区砂石堆积严重区域进行清理，清扫周边粉尘等；拆除已停产相关废弃设施和建筑等，对废弃工矿用地进行绿化种植，恢复原有生态。

7.4　优化矿产资源产业开发布局

依据承德市矿产资源分布特点及矿产开发利用现状，构建产业聚集区，调整优化矿产资源开发利用布局。深化矿产资源整合，逐步减少小型矿山采选比例，促进矿产开发合理布局、集约经营、规模生产，实现大、中、小型矿山协调发展，实现单一产品向配套产品、低附加值产品向高附加值产品、高耗能产品向低耗能产品、资源高消耗产品向低消耗产品的转化，淘汰落后产能，推进矿业高新技术产业化。加强上游温泉、金属矿山等矿产资源的开发利用管控，实施规模总体控制等，减缓源头生态环境破坏。加快小型矿山采选企业淘汰和整合力度，力争实现 2017 年前大中型矿山比例达到 10％以上[*]。

---

[*]　依据《承德市矿产资源总体规划（2011—2015 年）》相关要求。其中大中型矿山规模根据《关于调整部分矿种矿山生产建设规模标准的通知》（国土资发〔2004〕208 号）中的附件：矿山生产建设规模分类一览表。

7.5　推广尾矿资源综合利用模式

按照循环经济的理念,大力发展现代材料及其配套的尾矿资源综合利用产业。坚持项目带动战略,把尾矿资源综合利用作为矿山采选项目核准前置条件,把尾矿资源综合利用项目纳入重大项目考核范围,推动尾矿资源综合利用产业化发展。利用成熟适用技术从事建材产品生产,着力研究探索建立以尾矿有价组分回收、尾矿新型建材、尾矿微晶玻璃、尾矿水泥等产品为重点的尾矿综合利用发展模式。

(1)逐步扩大尾矿干排技术试点推广范围

优先选择几家经济效益好、资金雄厚的大型矿企,推广尾矿湿排改干排工艺,因地制宜,针对不同的企业生产条件选择不同的干排技术。尾矿干排工艺可以选择压滤浓缩和二级旋流浓缩工艺设施,并配套建设相关管网输送工程。通过尾矿干排技术减少尾矿含水率,干排尾矿回填采空区,减轻环境治理负担,为尾矿资源的再利用创造有利条件,同时也能降低尾矿库的安全风险,逐步改善尾矿库的环境。

(2)培育扶持尾矿资源综合利用企业

积极鼓励在尾矿资源集中的矿区建设尾矿资源综合利用生产线,可以选择多种利用方式,包括有价组分回收、新型墙体材料等,试点开展尾矿资源的综合利用项目。对具有高新技术含量和科技示范作用的尾矿有价组分回收及新型材料等资源综合利用项目优先审批,并给予节能、环保专项资金补贴支持。对于黏土砖场改建尾矿新型墙体材料项目、利用矿山废石和尾矿建设建筑砂粒项目给予优先支持。市、县两级财政每年筹措一定资金,用于尾矿资源综合利用项目的扶持,在项目建设期间给予一定启动资金或贴息补助,对于节能、环保效果显著,示范带动作用强的项目优先列入专项资金扶持范围。

(3)大力推广尾矿新型材料

加大对尾矿新型节能环保墙体材料和尾矿砂粒使用的宣传推广力度,鼓励和倡导社会团体优先使用,对于机关团体、单位通过政府采购的大宗尾矿新型节能环保建筑材料,按照有关程序申报建筑节能政策奖励扶持。

7.6　全面强化采选矿业节水

以降低单位产值用水量为目标,根据河北省行业用水定额标准,加强流域采选矿业的用水定额管理。严格实施采选矿业取水许可,对纳入取水许可管理的单位和其他用水大户严格实行计划用水管理,建立用水单位重点监控名录。用水必须符合国家产业政策及相关规划,不能超出所在辖区的用水总量控制指标。严把新上项目准入关,把水资源论证作为建设项目审批、核准和开工建设的前置条件,限制高耗水项目建设。对河北某公司承德分公司某选厂等耗水量较大的工业企业,推广开展水平衡测试,制定实施有针对性的节水改造方案。

第8章　狠抓落实重点河段整治

针对武烈河干支流淤积严重的部分重点河段和城区几条主要旱河实施综合整治与生态修复,逐步改善水环境质量,提升河道自净能力。干支流重点河段以清淤、护坡和人工湿地建设为主,城区旱河以截污导流、沿岸垃圾清理为主。

近期(2014—2017 年)实施城区旱河综合治理工程、武烈河高寺台镇段清淤疏浚工程以及武烈河岗子乡段、鹦鹉河中关镇和韩麻营镇段、兴隆河中关镇段、玉带河头沟镇段清淤疏浚与人工湿地净化工程,解决武烈河中游河段淤积与生态破坏问题,逐步恢复中游河流的生态功能,改善上游来水水质。

8.1　重点河段综合整治与生态恢复

以兴隆河、鹦鹉河、玉带河等武烈河干支流淤积严重的部分河段为重点,结合存在的主要环境问题,对重点河段实施清淤、护坡、湿地建设等综合整治措施,逐步改善主要干支流的水环境质量,提升河道自净能力,强化河道生态建设。

8.1.1　实施河道清淤疏浚与生态护坡工程

优先开展兴隆河中关镇和韩麻营镇段、鹦鹉河中关镇段、玉带河头沟镇段、武烈河岗子满族乡段和高寺台镇段共约 40 千米河道清淤疏浚工程。清除河道内及两侧积存尾矿砂,对河面漂浮物、杂草进行打捞清理,恢复河流自然河床,提升河道防洪排涝功能。强化淤泥的合理处理和利用,重金属含量严重超标的有毒淤泥应及时做好填埋,防止对环境的二次污染;无毒淤泥可用来制砖,对于杂质较少、富营养化的淤泥可用于肥田沃土。

实施四段清淤河段约 40 千米的生态护坡工程建设,构建河岸生态走廊,实现河道的生态疏浚,种植水生植物,提高河道水域生物净化功能,改善河流水质。河道清淤与护坡工程应该在上游矿区综合环境整治工程实施之后再行开展,避免河道再遭淤积,维持工程实施效果。

8.1.2 建设人工湿地工程

优先在兴隆河、鹦鹉河、玉带河汇入武烈河处以及武烈河岗子满族乡段建设河口湿地,以潜流湿地为主,结合底泥清淤、绿篱带、生态透水净化带及灌草带的建设,建成植物隔离带,形成辅助污水处理设施的湿地污水净化系统,在 4 个河口分别形成 0.1 平方千米左右的小型人工湿地 4 座,进一步分别处理中关镇、头沟镇和岗子乡等支流沿岸村落的生活污水、农田灌溉用水,有效改善末端水质。

重视湿地运行管理。湿地建设前应重点落实好上游矿区排沙及相关地区水土流失治理。湿地入口前增设相关坑塘等沉淀设施,进一步减少水体淤积。注重湿地的运行管理,设置专人进行收割及淤泥、垃圾的清理工作,设置定期监测机制,注重湿地出水水质的监控。湿地建成 5 年后要逐步开展改造工作,重点开展填料的清理和更新、布水堰的完善、植物的补种和置换等,维护人工湿地的净化效果,发挥人工湿地生态环境效益。

8.1.3 定期开展沿河垃圾清理

鼓励和推广垃圾分类,重点开展兴隆河、鹦鹉河、玉带河沿岸垃圾清理工作。沿河垃圾的清理工作采取雇佣专人进行定期清扫,沿河垃圾的转运处置工作纳入"村收集,村乡(镇)联合转运,县处置"的农村生活垃圾收集转运处理模式。各区县、乡镇要采取多种有效形式,加强宣传教育引导,大力开展生态环境保护教育,在醒目的地方设立环保知识宣传栏、广告牌或利用媒体,增强群众环境意识,清除河边堆肥、堆粪等问题,逐步改变乱丢垃圾的不良习惯,养成科学卫生的生活方式。

8.2 城区旱河综合整治与生态恢复

以双桥区狮子沟旱河、二仙居旱河、石洞子沟旱河、牛圈子沟旱河为重点,结合旱河水量少、水质差、沿河垃圾随意排放等环境特征,通过强化城区截污导流、实施沿岸垃圾清理,开展旱河环境综合整治。

8.2.1 强化城区截污导流

加大资金投入,加快城市污水处理厂配套管网建设工作,进一步完善城镇污水管网系统。以狮子沟桥以西区域为重点,加强城区污水主管网建设,便于沿线污水被接纳后进污水处理厂集中处理,取缔直排的生活排污口。加强高庙路—西大街、陕西营街、石洞子沟路、牛圈子沟路等部分区域的污水支管建设,全面收集西大街以北、环城西路以西、石洞子沟区域、牛圈子沟区域的污水,提升城区管网的污水收集效率。强化已建污水管网的维护和改造,修复老化及破损管网,提高城市污水处理设施的处理效率,避免污染地下水体。

8.2.2　实施沿岸垃圾清理

优先开展狮子沟旱河、二仙居旱河、石洞子沟旱河、牛圈子沟旱河约 5 千米重点河段的垃圾打捞清运工作。实施河道垃圾分段专人负责管理模式,负责责任河段垃圾打捞、清运,以及周边区域生活垃圾丢弃、清运工作,对随意乱扔、收运不及时、往河道倾倒垃圾等现象及时取证记录,交有关部门处理。将各办事处的垃圾清运率列入本级政府或主要领导的年度考核指标,制定考核方案。建立专项奖励基金,市政府每年对城区垃圾收运处理工作中成绩显著的单位和个人给予表彰和奖励。建立相关惩罚机制,对将生活垃圾排入雨水管道、河道、公共厕所等行为进行适当罚款,所得款项纳入专项奖励基金。

第9章 分步实施农村污染源治理

针对流域内农村环境保护设施明显不足的问题,综合新农村建设和小康社会的建设需求,考虑流域内自然、社会经济等条件,主要在承德县磴上乡和三家乡进行试点,探索建立武烈河流域农村生活垃圾和污水治理模式,试点成功后再行逐步推广完善流域农村污染治理。

生活垃圾清理是以原有的收集处理体系为基础,重点完善乡村生活垃圾收集(含清理)、转运体系,已经开设新农村建设的重点镇重点完善"收集",完善收集的设施和机制;在磴上乡和三家乡试点构建村级联合储运体系,形成"村收集,村乡(镇)联合转运"的模式。做好防渗和渗滤液的收集。

农村生活污水处理采取分散处理为原则,实施多户群集处理和单户分散处理结合的模式,考虑可行性,采取油水分离器等简易处理设施建设为主。

农业面源污染治理主要着手治理畜禽养殖污染,推进养殖的集约化、资源化,以粪污资源化利用推动污染治理。同时在流域上游和未来建成的双峰寺水库周边,试点开展种养循环体系、生态农业种植等,推进农田面源污染的治理工作。

近期(2014—2017年)实施流域各乡镇生活垃圾转运工程和乡镇卫生填埋场建设工程,试点实施中关镇水泥窑协同生活垃圾处置工程,解决流域重点乡镇生活垃圾收集转运处置问题,控制上游来水生活垃圾污染。实施磴上乡和三家乡沿河村庄生活垃圾收集转运工程和试点实施磴上乡、三家乡农村生活污水处理设施建设工程,解决偏远乡镇沿河村庄生活垃圾与生活污水处理问题。实施承德县、隆化县禁养区养殖户清理工程和临空经济区高寺台镇规模化养殖场搬迁工程,合理布局上游养殖企业。实施韩麻营镇、头沟镇、双峰寺镇、岗子乡、磴上乡、中关镇、两家乡、章吉营乡和七家镇规模化畜禽养殖(专业户)污染治理设施建设工程以及双峰寺镇有机肥厂扩建和岗子—两家有机肥厂建设工程,控制上游来水畜禽养殖污染。实施茅荆坝乡和荒地乡畜禽养殖集中区污染治理设施建设工程,发展种养循环生态养殖,逐步改善源头畜禽养殖污染。

远期(2018—2020年)实施荒地乡种养循环生态农业示范工程、双峰寺镇生态农业基地建设工程。

9.1　农村生活垃圾治理

9.1.1　完善重点镇农村生活垃圾收集转运

鼓励生活垃圾分类收集,按照"因地制宜、符合民意、经济适用、成效明显"的原则,拓展现有"村收集、镇转运、县处理"模式,结合"农村综合整治"已建基础设施,进一步完善双峰寺镇、高寺台镇、头沟镇、韩麻营镇和中关镇等重点镇的基础收集、转运设施,完善生活垃圾收集转运体系。初步形成每村不低于 20 个垃圾桶、1 座村级收集站、2 辆专业垃圾收集车及 2 套清扫工具、2 个专业收集人员的村级收集能力,每镇不低于 4 辆转运车、4 个运转集装箱、1 座镇级垃圾转运站的镇级转运能力。

9.1.2　试点生活垃圾处理设施建设

(1)生活垃圾收集、转运体系

选取磴上乡和三家乡沿河村庄为试点示范区,以村级为重点,建立生活垃圾收集、转运体系。根据村至乡镇中心的距离,结合区域地形、交通等实际情况,参考 5 千米为标准划定乡镇转运距离,转运距离内的沿河村庄由乡镇负责直接转运,村庄生活垃圾由各村收集,并直接运送至村级联合收集站;转运距离外的沿河村庄由村与乡联合转运,生活垃圾由村负责收集,储存在村内垃圾收集池,由村负责运送至附近村级联合收集站,再由乡镇负责统一转运。

实施乡村垃圾收集、转运标准化能力建设。①村级垃圾收集池(站):两个乡镇 5 千米范围内的 10 个沿河村庄隔村建设 1 座村级联合收集站,联合收集站参考 1 吨/天为标准,结合实际人口确定规模;5 千米外的 7 个沿河村庄每村分别建设 2～3 座村级垃圾收集池,垃圾收集池规模参考标准为占地面积 4 米×4 米,实际建设时再结合人口情况确定。②村级垃圾收集设备(人员):建设标准化的垃圾收集能力,安排专员负责定期收集、转运垃圾,各村形成不低于 20 个垃圾桶、2 辆专业垃圾收集车及 2 套清扫工具,配备 2 个专业收集人员的标准体系。③乡镇转运设备(人员):两个乡镇镇驻地分别建设一座处理能力 20 吨/天左右的乡级转运站,各配套 2 辆垃圾转运车,安排一定数量专员,定期运送至垃圾填埋场处理。

(2)生活垃圾处理设施建设与运营

实施乡镇垃圾填埋场建设工程,解决乡镇垃圾安全处理问题。充分论证并推进高寺台镇、岗子乡、两家乡、七家镇、三家乡、章吉营乡、荒地乡和茅荆坝乡的垃圾填埋设施规范化建设,按照相关要求做好防渗处理,强化渗滤液收集和处理设施建设。垃圾填埋设施建设采取适当集中、联合建设原则,注重选址和库容的论证,落实填埋设施运行管理相关责任单位。

试点推动水泥窑协同处置生活垃圾处置项目建设,以流域内喜某某水泥厂日产 3000 吨的新型干法回转窑生产线为依托,试点建设日处理生活垃圾 100 吨/天左右的生产线,将周边 20～30 千米半径内的乡镇及沿线农村生活垃圾收集转运至水泥厂进行处置。给予企业生活垃圾处理资源化利用优惠政策和补贴,提高企业参与生活垃圾处置积极性。

9.2　农村生活污水治理试点

9.2.1　群集生活污水处理设施建设

选取磴上乡驻地的磴上村、三家乡驻地的三家村以及沿河人口规模较大的东三十家子村在村内以片为单位实施群集污水处理设施试点示范建设。群集生活污水处理根据居住集中程度、污水排放情况选择适宜的群集规模,一般不少于 5 户,处理工程因地制宜选择小型潜流人工湿地、厌氧生物膜池等经济且占地不大的污水处理工程,同时配套建设相关污水收集管网、户厕改造等。根据实际联合的家庭户数确定处理规模,处理水量可参考 50 升/(人·天)。污水处理设施的运营,建议采取整体打包委托专业人员进行管理,试点期间费用由地方财政专项资金解决,后期逐步引入排污收费等管理办法。

9.2.2　散户生活污水处理设施建设

对乡镇驻地下游玉带河沿岸人口规模相对较大的滕家店村、南山村、陕西营村和转角房村等 10 个村庄选取 20% 以上的家庭以户为单位实施散户污水处理设施试点建设,分散处理农户生活污水。散户污水处理工程因地制宜分别选择油水分离器、沼气池等污水处理工程,每户工程占地面积 2 平方米左右,由农户和村镇共同出资进行建设。对污水处理设施的运行维护,整个示范区内可统一聘请 2～3 个专业人员,为农户提供技术指导和专业咨询,对示范区内的污水处理设施进行定期巡查,巡查周期不宜大于 3 个月,村镇也可指定专人,对散户的污水处理设施进行统一管理。

9.3　推进"四清、四化"行动

以建制镇为重点,深入推进双峰寺镇、高寺台镇、中关镇、韩麻营镇和头沟镇所有农村"四清、四化"行动,逐步扩展到其他乡镇农村。重点建制镇所有农村严格按照"四清、四化"要求,做到彻底清理村内街道、房前屋后、村庄周边、公共场所的各类积存垃圾,彻底消灭卫生死角。清理村庄街道两旁乱堆乱放的柴草杂物、废弃建筑材料,清理村内散落粪堆、砖头瓦块等。拆除村内侵街占道的私搭乱建,清理、修整坍塌破房、残墙断壁,使村内从主街道到小街小巷整洁通畅。清除院落内垃圾、杂物,规整院内堆放物品,及时清理畜圈粪便,做到房内、院落整齐清洁、明亮舒畅。实现"四清"经常化、制度化,重点加强村庄出入口、主干街道、集贸市场、公共活动场所环境卫生管理维护和完善提升。以房边、村边绿化为重点,积极开展街道、庭院、隙地、水系绿化,因地制宜种植树木和花草,提高植被覆盖率,有条件的村要打造园林绿化景观街道。安装线杆、路灯等亮化设施,搞好日常维护,实现村内主街道夜晚有照明,有条件的村向巷道延伸。整治临街建筑立面,实施墙壁粉刷,协调主街道建筑色调,规范户外广告、路牌和公共标志,有条件的村可绘制文化墙,建设文化广场。

9.4　农业面源污染治理

9.4.1　畜禽养殖污染防治

(1)加快推动禁养区内养殖场的搬迁

对武烈河流域河岸两侧 400 米禁养区范围内的养殖场实施搬迁工作,禁养区内一律禁止养殖。加快实施承德县的巨某、芸某等 27 家畜禽养殖场和隆化县的金某衡业、姜某某等 15 家畜禽养殖场搬迁、清理工程。

(2)强化重点规模化养殖场污染治理

落实临空经济区高寺台镇的生某某、丰某、金某、大某等规模化养殖场的搬迁工程,以集中化、区域化为原则,合理安排搬迁规模化养殖场去处。

进一步完善韩麻营镇的海某、明某、铁某、孙某某 4 家规模化养殖场的粪污处理设施。4 家养殖场各自新建防渗防雨粪便堆存设施、小型堆肥场或发酵罐等粪便处理设施,完善雨污分流设施,改造现有沉淀池废水处理设施,处理后的粪污合理还田利用。

加快实施头沟镇的南某某,双峰寺镇的娇某某、李某某,七家镇的李某某,中关镇的白某某等共 12 家规模化养殖场粪污处理设施建设。12 家规模化养殖场各自新建防渗防雨粪便堆存场、小型堆肥场或发酵罐等粪便处理设施、雨污分流设施、厌氧＋好氧工业废水处理设施,处理养殖场畜禽粪便和尿液污水,处理后的粪污就地就近利用。

（3）加大畜禽养殖专业户污染防治

完善畜禽养殖专业户雨污分流设施,全面推行干清粪方式,加大畜禽粪便和尿液污水治理。流域内禁养区外 130 家专业户须分别配套建设固定的粪便堆存场,做好防渗防雨措施。单独或集中建设堆肥场等粪便资源化无害化处理设施处理粪便,完善雨污分流设施建设,单户或联户建设沉淀池/化粪池等污水处理设施。按照种养结合的要求,通过沟渠、管网或槽罐车运输就近、异地配套土地进行消纳,形成畜禽—农家肥—作物的种养结合生态循环利用模式。政府从公共服务角度适当介入专业户、散户等小规模养殖污染的治理,加快推动畜禽养殖污染的有效治理。

（4）大力发展畜禽粪便资源化综合利用

结合流域内养殖种类和规模等,在流域内养殖较密集区域,以有机肥生产为依托,大力发展畜禽粪便资源化综合利用。实施双峰寺镇有机肥厂扩建工程,强化造粒等后续处理工艺,扩建规模 30 吨/日左右,有效收集周边 10 千米范围内双峰寺镇和高寺台镇养殖场畜禽粪便。在两家乡和岗子乡之间养殖密集中间区域新建一家有机肥厂,采取固态好氧发酵＋转鼓造粒生产工艺,日产有机肥 100 吨/日左右,收集两家乡和岗子乡两个乡镇养殖场畜禽粪便。根据将来畜禽养殖的发展情况,适当在其他养殖集中的乡镇联合建设有机肥厂(如蹬上乡和三家乡、章吉营乡和七家镇),积极探索生产多品种有机肥,广泛用于花卉种植、有机农产品种植和土壤改良等,有机肥厂可以采用公司化或合作社方式生产运营,粪便的收集可通过签订合同方式进行定向收集。

加大畜禽粪便资源化利用支持力度。通过落实"以奖促治""以奖代补"或"税收优惠"等政策,对畜禽粪便资源化综合利用的企业或治理水平较好的企业/个人优先给予适当的资金支持,带动资源化利用和治污积极性,提升畜禽粪便资源化水平,改善养殖环境污染。对矿山与尾矿库生态恢复购买施用有机肥的企业,实施农业补贴不低于化肥等优惠政策,逐步推进矿山与尾矿库复绿施用有机肥,提高有机肥的消纳能力。

（5）科学调整畜禽养殖布局,鼓励畜禽养殖规模化发展

综合考虑畜禽养殖业发展状况,科学调整养殖业布局、总量和规模,通过种养

结合、种养平衡实现粪便等废弃物的就地就近利用。在章吉营乡和荒地乡等考虑推广绿色生态养殖模式,适当控制污染排放强度大的高寺台镇、韩麻营镇、头沟镇和双峰寺镇等乡镇养殖总量和规模。鼓励现有养殖专业户和散户采用畜禽代养制、合作社养殖等多种养殖方式,推动养殖规模化发展,强化畜禽养殖污染治理,推进养殖污染集中治理,整体提升畜禽养殖污染治理水平。

9.4.2　农田种植污染防治

（1）引导绿色生态农业种植产业化发展

以双峰寺镇双峰寺水库汇水区为重点,选择环绕水库周边的农田,依托京津超级市场,引导特色产业向优势区域集中,试点种植生态玉米、土豆等优势农产品,构建绿色生态种植基地和育种基地,逐步向外围扩散。种植基地实行集中式统一管理,推行过程阻断技术、无公害标准化生产技术、农田最佳养分管理模式等多种农村环保实用技术,大力发展节水农业,修建微型水利工程,集蓄雨水,改善农田生态环境,减少农田水土流失,实现面源减排最大化和成本投入最小化的双收益。

（2）推广建立种养循环体系

立足生态涵养功能定位,结合茅荆坝乡和荒地乡种植产业,积极推广"养殖—沼气—种植"三位一体的种养循环模式,逐步发展生态农业。通过畜禽养殖废弃物发酵制沼气,废弃物无害化处理后还田种植利用,生产有机农产品等,蔬菜、瓜果等农产品附属物用来养殖,实施种养循环一体化,逐步形成以"公司＋农户""农村合作经济组织＋农户"等为主的农业产业化运行机制。

（3）推进化肥农药减施进度

采取试点开展,逐步推进的方式,开展农药化肥减施工程。以承德县头沟镇、蹬上乡以及隆化县章吉营乡为代表,推广平衡施肥、氮肥深施、根外追肥和测土配方施肥等技术。鼓励施用复合肥、有机肥及生物肥等新型高效肥料,推行以控制氮、磷流失为主的节肥增效技术,持续降低化学肥料施用量。针对不同的作物制定具体的肥料施用技术指南,推广滴灌、微灌技术提高肥料的利用率,降低肥料的流失率,减少农田氮、磷径流和淋溶。严格控制化学农药使用,推广科学合理、安全用药。加大高效、低毒、低残留农药和生物农药的推广力度,引导农民使用生物农药或高效、低毒、低残留的农药,推广病虫草害综合防治、生物防治和精准施药技术等,减少农药的使用量。

（4）大力推进农业节水

根据水资源承载能力和自然、经济、社会条件,优化配置水资源,合理调整农业生产布局、农作物种植结构以及农、林、牧、渔业用水结构。严格限制种植高耗水农作物,鼓励种植果树、药材等耗水少、附加值高的农作物,大力调整高耗水农业,试行退地减水,控制灌溉面积无序增长。积极建设旱作节水农业示范区,完善田间基础设施,发展补充灌溉和微水灌溉。根据不同类型区的农业种植结构特点、经济条件,因地制宜采取不同的农业节水技术,有条件的区域,积极推广喷灌、微灌、膜下滴灌等高效节水灌溉和水肥一体化技术,提高田间灌溉水利用率。同时,落实节水、抗旱设备补贴政策,积极扶持农民用水合作组织,调动农民发展节水灌溉的积极性。

第 10 章　不断强化橡胶坝区水体的富营养化控制

　　针对城区橡胶坝河段富营养化趋势问题,须重视橡胶坝区水量的生态调度,降低橡胶坝的生态环境影响,同时适当开展城区河道生态净化工程,提高水体溶解氧,抑制富营养化趋势。

　　近期(2014—2017 年)实施城区橡胶坝河段的生态建设工程,预防水体的富营养化,改善城区水体感官。

10.1　橡胶坝区水质生态净化工程建设

　　在城区橡胶坝区(医学院桥下游至武烈河汇滦河入口处)建设一些水质生态净化工程,改善城区感官水质,控制城区段水体富营养化。通过底泥修复、曝气、生物修复等景观融合的水质净化工艺,抑制水体富营养化,工程建设考虑汛期行洪设计,避免被洪水冲刷流失,避免影响河道行洪功能。对 16 km 河床底泥进行疏浚,清淤厚度 5 cm,疏浚完成后在河床底部人工构造植生基质,添加水生植物,恢复河床微生态系统,河床基底修复面积约占蓄水面积 20%。在 6 月和 7 月,通过向一、三、五、七、九、十一等 6 个库区内水体中喷洒抑藻剂,配合微生物净水剂和生物复合酶等,控制水体水草、蓝藻生物量。在重点区域如云山饭店、环保局等处橡胶坝段两岸建设多段人工曝气设施,采用微动力方式进行层式曝气,提高水体底层溶解氧,促进底层水体生物净化效果和磷的厌氧释放。

10.2　推进橡胶坝区域生态建设

　　近期推进橡胶坝的合理运行,强化橡胶坝的生态调度。从生态角度合理调度橡胶坝的运行,确保橡胶坝库区水面洁净。汛期来水清澈、流量小于 40 m³/s 时,立坝运行;流量大于 40 m³/s 或来水浑浊时,塌坝运行,橡胶坝群立坝宜采取蓄泄交替动态控制的立坝组合和限蓄的立坝组合,不宜采取全蓄水立坝组合。平水期通过蓄泄进行水体交换,通过泄水对库区滩地进行晾晒,抑制河道内藻类等微生物的产生,通过及时蓄水,使库区滩地生长出来的杂草浸泡淹死,并及时人工清理。枯水期通过清除淤积泥沙和对草种的维护,迅速恢复河滩景观。

　　远期结合市区景观、河流自然规律,推进橡胶坝区域生态建设。结合水质净化工程建设,在各橡胶坝库区内划分适当面积的水域种植荷花、水芹菜、睡莲、千屈菜、美人蕉等植物,种植面积不超过库区面积的 2%,营造水生态景观,改善城区河段水质和感观效果。结合旱河的治理,在重点旱河汇入口下游区域建设生态浮岛、岸边湿地景观等,减少雨季旱河来水水质污染。结合城区景观需求,在橡胶坝区部分河段开展生态堤岸建设,在现有水泥堤岸的基础上通过覆盖水生植物等适当改造,营造亲水堤岸,缓解人为干扰。科学分析城区橡胶坝的环境影响,充分论证橡胶坝运行的利弊,必要时经专家审议讨论拆除对水体影响较大的橡胶坝。

第四部分
以线带面,推进流域生态建设

在治污满足流域水质要求的前提下,开展全流域生态建设,以改善流域生态环境,保障京津水源地水源涵养功能。流域生态建设以河流生态建设为主,区域生态建设为辅,构建自然和人居和谐一体的流域生态系统。2017 年前应完成的项目,以实施城区干流生态建设项目为主;2017 年后以全流域区域生态建设项目为主。

第 11 章　提升干流生态建设能力

　　根据武烈河干流生态环境特点,宜实施分段建设,河流上游尊重自然生态,中游恢复自然生态,下游推进生态与人居相结合。以此为原则,分别实施上游源头生态涵养建设、中游水土保持和生态修复、下游生态景观廊道建设,实现干流的自然美、生态美、人居美。

　　近期(2014—2017 年)实施武烈河中游岗子乡河段水土保持与生态修复工程,实施城区上游狮子沟镇河段生态河道建设工程,全面解决河道淤积问题,逐步恢复河道生态功能。

　　远期(2018—2020 年)实施武烈河中游两家乡河段水土保持与生态修复工程,实施城区下游生态河道建设工程,实施武烈河上游生态涵养建设,全面改善河流生态环境,恢复河流生态功能。

11.1　上游源头生态涵养建设

　　上游源头是指干流源头至两家乡庞家沟村的河段,本段重点实施生态涵养建设,主要任务是保持河道的生态形态,恢复河流栖息地功能。基本保持现有河道纵向蜿蜒性和横向形态的多样性,维持河道两岸的行洪滩地。实施区域性限制开发活动,尽量减少工程对河道自然面貌和生态环境的破坏。维持和保护现有水生生物产卵地、摄食区等;根据当地的材料情况,因地制宜,加固岸堤,种植岸边堤林带,营造岸边隔离带,减少农业种植对河道的破坏和影响;布置小型丁坝、树墩、砾石群等结构,创建具有多样性特征的水深、底质和流速条件,增加河道的栖息地多样性,形成自然特征丰富的生态型河道,适应不同物种发育和生长的需求。对于现状已经受到人为干扰的区域,积极恢复原有结构形态与自然特征。

11.2　中游水土保持和生态修复

中游是指两家乡庞家沟村至双峰寺镇三道河村的河段,本段实施水土保持和生态修复,包括河道自然形态恢复以及河道生态护坡建设,未来注重科学实施双峰寺水库生态调度和生态保护。

恢复河道自然形态,构建复杂多变的河道横断面结构,同时开展河岸带生态护坡体系建设。依据已有的水文资料或参照河道的历史资料,将清淤后的河床恢复天然状态,也可根据水文原理,河道宜弯则弯,宜宽则宽,尽量设置弯曲河流,并增设河滩和岸边湿地等。在满足河道功能的前提下,尽可能保持和恢复武烈河干流天然横断面形态。合理利用清淤泥沙,增加构建河道断面的形态变化,恢复天然河流浅滩和深潭交替出现、激流和缓流有序变化的水文结构特征。

根据水位要求,因地制宜由水侧—陆地建设不同模式的生态护坡,河道水下部分可维持自然型驳岸,或用天然石块、石笼护坡、植被型生态混凝土等生态材料护岸;常水位至洪水位区域下部以种植湿生植物,如芦苇为主,用以净化水质和为水生动物提供食物和栖息场所;洪水位上部种植以中生但能短时间耐水淹植物的多年生草本、灌木和乔木树种为主,如垂柳、杨、桑、椿类等,进一步增强岸坡土体固定能力。

11.3　避暑山庄段历史文化景观建设

避暑山庄历史文化景观段位于避暑山庄从南到北所在部分,主要任务以依托避暑山庄文化、营造具有文化内涵的植物景观为主,使之与城市整体文化氛围相呼应。

本区段内植物种植选择油松、侧柏、圆柏等与避暑山庄周边协调呼应的树种,使该区段与避暑山庄林相统一,并融为一体。部分区域可模仿避暑山庄的著名植物景观,使山庄内外遥相呼应,营造意境美。如在区段内武烈河支流狮子沟两岸片植山桃、榆叶梅,再适量点缀垂柳,滨水区域结合水边亭榭片植荷花、睡莲,进一步丰富和扩展避暑山庄山水相映的景观内涵。

11.4　入城段、入滦河段生态涵养建设

入城生态涵养段位于双峰寺镇以下到避暑山庄之间,入滦河生态涵养段位于城区最后一道橡胶坝到武烈河汇入滦河口之间,入城段和入滦河段以生态涵养功能为主,建设生态缓冲区、生态堤岸和通过生物操纵技术修复水生态环境。

生态缓冲区的建设采用在河岸两侧种植防护林的方式,减少人工干扰,植物选择上主要选择乡土植物,如侧柏、家榆、臭椿、紫穗槐、胡枝子、华北珍珠梅、卫矛等。生态堤岸的建设以自然堤岸为主,以人造生态堤岸为辅,如自然湿地式驳岸、石笼驳岸等,增加堤岸的多孔性质,堤岸植物以耐旱、耐水淹、根系发达的低矮灌木、藤本或草本植物为主,如沙棘、沙地柏、五叶地锦、马蔺、麦冬等。现有的水泥护堤部分以应用攀援植物进行垂直绿化为主,如五叶地锦、三叶地锦、啤酒花、南蛇藤。通过投养浮游植物食性鱼类,螺、蚌、贝类等大型软体动物和人工曝气等人工干预水体生物的技术,控制破坏水生态的藻类和一些水生动物等物种的生长,逐步恢复河流生态功能。

11.5　注重水库保护,保障生态流量

根据水库建成后的城区供水功能,科学划定饮用水水源保护区。严格执行饮用水水源保护区环境保护要求,保障城区饮用水水质水量。全面分析识别水源环境风险,注重库区上游及库区周边污染源风险防范。强化水库建成后水源应急预警与环境监测。

水库建成后,注重制定水库的生态调度方案,积极实施水库生态调度。初期蓄水时以及运行期必须按论证的生态基流流量泄水,以维护水生生物栖息地,补给滨河洪泛湿地,保证武烈河的生态功能,加强对受影响的水生生物的保护。水库运行调度期间,应设置保护河段,对受影响的细鳞鲑和白花鲢等水生生物进行人工增殖放流。加强水库消落带环境保护。建设生态绿化带,减少消落带对周边村庄环境的影响。对于库区砾质/土质缓坡消落带,结合植被恢复,重建乔灌草植物带,防止水土流失,减少坡面侵蚀,拦截径流污染物;对于库湾滩地消落带,创建湿地生境,恢复重建滨岸带湿地生态系统,构建全系列的植物群落。

第 12 章　推进全流域水源涵养和水土保持建设

结合承德市生态环境现状调查结果和水源生态涵养功能区区划原则,除武烈河干流区域外,分水源涵养、水土保持、城区景观三部分实施流域生态功能保护。水源涵养生态功能保护注重水源涵养生态建设和水资源的保护,水土保持生态功能保护注重矿山等山区植树造林和水土流失防治,城区景观生态功能保护注重区域自然环境、因地制宜进行开发,打造城区城市、绿树、山水等相融的景观生态建设。推进流域水源涵养和水土保持工作,同时科学开展生态保护红线的划定,严格生态保护红线制度,提高水源涵养能力。

远期(2018—2020 年)实施茅荆坝乡水土涵养建设工程,逐步改善流域生态涵养功能。实施韩麻营镇、头沟镇、高寺台镇、岗子乡、章吉营乡、两家乡和三家乡水土保持与水土流失治理工程,解决流域中游水土流失问题,控制入河泥沙量。实施城区景观合理开发与维护,维持与保护城区生态景观。

12.1　水源涵养生态功能保护建设

在韩麻营镇(部分)、荒地乡、茅荆坝乡、七家镇、磴上乡(部分)和三家乡(部分)区域重点实施水源涵养生态功能保护。

采取补、造、封、管等相关措施,加强水源涵养林的建设与管护。对补植型地段,实行补植、套种,提高密度,改善林分组成和结构;对改造型地段,实行用优良速生乡土阔叶树种重新造林,适当引进适宜的新品种,以提高水源涵养林的功能和效益;加强管护,实行封山育林,严格管护,减少水源涵养林体系的干扰和破坏。充分利用村庄周边闲杂地、房前屋后、河滩地、道路两旁等地块营造珍稀树种或乡土树种,扩大水源涵养林种植面积。加大水源涵养林的保护力度,坚持水源涵养优先原则,不可改变水源涵养林地的性质;采取自然抚育和人工补植复种相结合的方式改造未成林地、荒地,强化水源生态涵养功能,保障河流源头来水流量。

12.2　水土保持生态功能保护建设

在韩麻营镇(部分)、章吉营乡、两家乡、岗子乡、中关镇、磴上乡(部分)、三家乡(部分)、头沟镇、高寺台镇、双峰寺镇区域重点实施水土保持生态功能保护。

加强绿化造林与退耕还林工作,改善生态环境,防治水土流失。加强各种类型林木造林绿化成效,提高植被覆盖率。强化退耕还林还草工作力度,落实退耕补助资金,进一步扩大和巩固退耕还林成果。加强林木抚育管护,搞好补植补造,提高造林成活率和保存率。着力抓好防沙治沙、退耕还林等重点工程建设,在坡度25°以上的陡坡地和坡度25°以下、土层厚度小于30厘米,以及植被稀疏易引起水土流失的宜林地段营造水土保持林。采用根系发达,固土能力强,能减缓地表径流,保护地表植被的树种,如刺槐、柳树等。在河岸堤坝与河滩交接地段,采用黄金槐等树种,在发挥防护功能的同时,改善自然景观。

加强矿区环境综合治理。强化矿产资源开发管理,推广"绿色开采"技术,最大限度地减轻环境破坏。提升矿山开采"三废"污染治理水平,减少矿区环境污染。加大矿山开采生态恢复治理力度,恢复矿区生态环境功能。深入开展矿产资源综合利用,延长产业链,提高矿产资源利用水平。

强化矿区水土保持。结合矿区弃土弃渣回填、建设截水沟、人工防排水工程等工程措施,通过土地整治和种植树草等,因地制宜,构建多种植被恢复模式。在生态破坏较严重区,结合矿区原生优良树种,选择耐干旱、根系发达、防护性能好的火炬树、刺槐、紫穗槐、沙棘、玫瑰、柠条等乔灌木建设水土保持林。在矿区坡面区等采取密植的方式种植五叶地锦、蔷薇、沙地柏或悬垂的山葡萄和扶芳藤等藤本及匍匐类植物,以及铁杆蒿、黄蒿、野百合、车前子等多年生草本植物建设坡面防护林。在立地条件好坏交错的区域,合理配置针阔混交、乔灌植物种类,建设以针阔混交林为主的景观生态林;在阔叶成林的地块,立地条件得到不断改善,已适合针叶树生长的造林地,栽植针叶树油松、侧柏等;在先锋针叶树形成纯林的地块,可以在林下栽植耐庇荫的阔叶树柞树或山杏等,瘠薄地块栽植油松、侧柏;立地条件较好的地块栽植阔叶树山杏、桑树、刺槐、柞树等。

12.3　城区景观生态功能保护建设

在水泉沟镇、狮子沟镇、牛圈子沟镇、大石庙镇和城区区域重点实施景观生态功能保护。

结合城区避暑山庄、外八庙等景点和城市山体等开展城区生态景观建设。对景区周边和山体的树木和植被进行结构优化和补植补造,维护城区景观生态。通过对城区四周山体绿化建设,着力构建以森林公园为核心的城区四周山体绿化圈;以河流绿化带及道路、铁路沿线绿化带为主,形成不同性质和绿化风格绿化带网,与其他防护绿化带一同构成城区绿化景观防护绿带;以避暑山庄城区园林为核心,构建城区绿化景观。主要围绕亭、廊、石阶等建筑物,以适应性强、地域特色鲜明的油松、侧柏等乡土树种作为骨架,穿插经济树种山杏、海棠和五角枫等观花、观枝叶乔木,结合栽植野玫瑰、沙棘等抗性强的灌木,地被植物选择紫花苜蓿等,形成以乔、灌、藤、花草有机结合的立体化复层林景观。

12.4　科学划定生态保护红线,提升水源涵养能力

科学划定流域内生态保护红线,严格生态保护红线制度。将茅荆坝国家级自然保护区的核心区和缓冲区全部纳入流域生态保护红线;将承德避暑山庄外八庙风景名胜区、承德避暑山庄及周围寺庙纳入流域生态保护红线;将京津水源地水源涵养重要区承德范围内主要生态系统服务重要性评价等级为高度重要和极重要的区域纳入流域生态保护红线;将《全国生态功能区划》中的生态敏感区、《全国生态脆弱区保护规划纲要》与《全国主体功能区规划》中的生态脆弱区评价等级为高度敏感和极度敏感的区域纳入流域生态保护红线。流域生态保护红线区域内禁止一切与保护无关的活动,对现有与保护无关的活动一律取缔。

第五部分
以机制促管理，
提高流域长效管理水平

　　强化流域管理机制建设，提升流域长效管理水平，以保障流域污染防治工作任务落实，促进环境保护工作持续开展。机制建设以提升监测监督能力和决策信息化能力建设为主。

　　2017年前以完善污染防治机制建设和市县两级标准化监测能力建设项目为主，同步实施执法监控平台建设项目；2017年后以信息化综合决策平台建设项目为主。

第 13 章　完善矿企环保监督管理体系

13.1　完善矿企环境准入机制

完善矿企环境准入机制,从源头控制矿区环境污染。新建或者改、扩建矿山项目,必须符合国家产业政策和国家及省相关规划要求,符合土地使用标准和生态功能区规划的规定。所有新、改扩建项目必须严格执行环境影响评价制度和"三同时"制度,必须有与生产规模和生产工艺相适应的污染物处理设施和生态恢复措施。坚持矿产资源开发利用与矿山环境保护并重的原则,建立与乡、村环境整治、环境问题挂钩的环保一票否决制度,落实有环境问题的、治理水平不过关的地区不得新上矿业项目的限制政策。

13.2　落实矿山生态环境恢复机制

完善矿企矿山生态修复监督机制。按照"边开采、边治理"的原则推动矿山生态环境恢复工作,新建矿产资源开发企业设计方案须明确矿业权人对矿山生态环境保护的主体职责,明确矿山生态环境保护实施任务和内容;已建企业须补充矿山生态修复方案,明确相关责任和生态恢复实施计划。市环保局联合相关部门督促矿企同步实施矿山生态环境恢复治理方案。

落实生态恢复保证金制度。采矿权人必须与主管部门签订《矿山生态环境恢复治理责任书》,提交经主管部门审批的《矿山生态环境保护与综合治理方案》,并按规定按期缴纳保证金;变更矿区范围或主采矿种的应重新进行签订,按重新核定的数额按期缴纳保证金。保证金只能用于因矿产资源开发引发的崩塌、滑坡、泥石流、地面塌陷、地裂缝等地质灾害的预防、治理和被破坏的矿山生态环境的恢复。

落实生态恢复工程竣工验收制度。矿山停办、关闭或者闭坑前,采矿权人应当完成矿山生态环境的恢复治理,并向负责收取保证金的主管部门提出书面验收申请,经验收达到《矿山生态环境保护与综合治理方案》等相关要求的,由主管部门签发验收合格通知书,可按期将保证金及其利息返还采矿权人。采矿权人恢复治理未达到《矿山生态环境保护与综合治理方案》等相关要求的,由主管部门责令采矿权人限期进行恢复治理,过期不进行恢复治理或治理仍达不到要求的,由负责主管部门通过向社会公开招标等形式,组织有相应资质单位进行治理,治理费用超过采矿权人所缴纳保证金(含利息)的部分由采矿权人承担。

13.3　严格执行矿山企业退出及善后机制

严格执行矿山企业退出机制。严格落实《河北省矿产资源总体规划实施管理办法》有关规定,矿产资源规划禁止勘查区内,除公益性地质工作外,不再新设探矿权(固体矿产),已勘查活动要逐步有序退出;禁采区域内,原则上不再新设采矿权(固体矿产),已有开采活动要逐渐有序退出;铁路、高速公路、国道、省道两侧可视范围内,原则上不再新设露天采矿权,设置地下开采采矿权的必须符合《公路安全保护条例》和《铁路安全管理条例》的相关规定,两侧 300 米内的露天矿山由当地政府关闭,300 米到 1000 米可视范围内的,要逐步有序退出,或在开采完批准的资源储量后由当地政府予以关闭,不再扩大露天开采范围。

严格执行矿山企业退出善后机制。建立闭坑矿山的矿山环境审查制度,明确矿山闭坑的环境达标技术要求。矿山的闭坑必须向有关行政主管部门提交矿山闭坑环境恢复治理计划,经批准后在规定时间内完成矿山环境恢复治理工作;矿山环境恢复治理经行政主管部门审查验收达到验收标准的方可正式闭坑。

13.4　建立矿企远程监控执法平台

建立矿企远程监控执法平台,进一步加大流域内采选矿企环境监察执法力度。加快矿区污染源远程监控执法体系建设,对矿区重点区域和重点企业废水处理设施、尾矿库等安装视频监控,远程监控重点区域和矿企处理设施运行情况,保证快速反应。实行平台监控与公众监督联动,平台向社会公开,接收公众投诉,提高执法效率。结合对矿企污染治理设施的现场检查情况,一旦核实违法行为,加大处罚力度,实施停产整改等措施,并将处罚措施在监控执法平台上公布,促进整改效果。

第 14 章 理顺农村清洁环境保障体系

14.1 创立生态村镇推进机制，促进农村环境综合治理

建立引导和激励机制。以生态文明示范创建为引领，进一步加大农村生态示范村镇建设力度。充分利用国家"以奖促治"、省"百乡千村"三年行动计划的优惠政策，积极争取各级环保专项资金，加强农村饮用水源保护管理、普及户用卫生厕所、促进农膜回收再利用及农业废物综合利用、发展农村生态农业和清洁能源、加强农村生活垃圾和生活污水有效处理，推动生态示范村镇建设进程。

14.2 建立优化与约束机制，促进农村工业健康发展

建立农村企业发展的约束和引导机制。坚持相对集中的原则，督促引导分散的农村工业企业向工业园区集聚，实现集中治污。严格执行企业环境准入政策，积极推进农村工业循环经济发展，鼓励发展无污染、少污染、具有一定科技含量的农产品加工业。引导一批集"种养—加工生产—产品开发—资源循环利用"于一体的村镇工业的发展。

14.3 完善环境治理保障机制，落实乡镇环保人员配备

进一步健全完善农村环境治理保障机制，包括统筹机制、部门联动机制、督查制度、资金投入制度、保洁员制度等。研究制定农村环境保护及环境卫生管理工作考核办法，特别要将环保基础设施建设、保洁员队伍建设、垃圾集中收集覆盖率、生活污水处理率等指标纳入考核内容，增大此项工作在各乡镇单位绩效考核中的分值。研究建立科学合理的奖励机制，对农村环境工作成绩突出的乡镇，予

以表彰奖励,并与资金补助直接挂钩。

积极落实乡镇环保人员配备,确保开展"以奖促治"项目的乡镇有专职人员负责。不断提高各级农村环保人员政治觉悟和环境观念,严格执法办事,做到执法必严,违法必究。不断更新农村环保队伍知识,强化其各项环保科技技能,同时妥善安排农村环保人员待遇,充分调动农村环保人员积极性,保证农村环保落到实处。

第 15 章　健全环境保护综合监管机制

15.1　提升市县环境监测监督能力

加大环保监测能力建设资金投入,加快市县环保监测标准化建设进度,提高市县环保监测能力。完善市级监测人员和监测设备配置,提升市级站有机污染物和有毒有害物的监测能力;积极创造条件,提高区县级监测站的标准化程度,提升区县级监测站地表水 24 项指标等基础分析监测能力。

加强流域水环境监察能力建设。完善水质自动监测站和污染源在线监测、视频监控等自动化监测能力建设,全天候监控重点水质断面和重点污染源,全面掌控水质和污染源动态。对水环境整治的重点区域、重点项目以及重点水质保护区域安装视频监控,通过远程监控平台实时掌握区域工程项目动态,有效监督环保工作的顺利推进。

15.2　构建环境保护信息化发布与联动机制

构建信息化管理机制,推动公众参与,做好信息的全民联动、全部门联动,发挥公众监督作用,推动管理增效。做好信息化整合与基础建设,积极推动流域环保信息化建设,构建环保监管决策信息化平台。监管决策信息化平台通过软硬件与大数据的结合来实现,整合已有监控体系和监测数据系统,以空间数据应用为重点,实现重点污染源数据的空间定位,强化基于 GIS 的数据空间展示。以信息平台为载体,构建信息发布与公众参与机制,强化信息公开与公众监督的具体落实,做好公众监督与公众参与系统建设,实现全过程实时监管,规范信息公开,推进环保决策与环境管理的全民参与。构建信息联动机制,推进全民联动、全部门联动,做好信息与资源共享,构建突发环境污染事件预警和应急指挥平台,一体化支持突发事件相关数据采集、危机判定、决策分析、命令部署、实时沟通、联动指挥等,提高预警和应急指挥水平。加强决策信息化平台信息共享和公开,推动环保服务公众化,提高环保工作执行能力和支持度。

15.3　完善环保监督考核机制

（1）完善目标责任与实绩考核机制

完善目标责任分解落实机制,落实规划任务分解到部门,责任到人,强化规划实施情况考核。完善平时考核与年度考核、定性考核与定量考核的长效机制,实时掌控工作进展情况和目标责任部署落实情况。完善部门联席会议机制,督促各相关部门积极履行环境保护职责,确保环保实绩考核目标任务有效完成。加大考核奖惩力度,完善考核奖惩制度,对规划实施情况考核合格、任务完成进度快的区县,加大专项经费支持力度;对因工作不力、出现污染反弹和未按期完成任务的区县,"一把手"要向市委市政府专题汇报、说明情况,并对下游区县给予一定资金补偿。

（2）建立矿山企业环境整治工作考核机制

制定矿山企业环境整治工作年度考核办法,加强对区县矿山环境整治工作的督查考核,确保全市矿山环境整治工作整体推进,全面完成各项整治任务,改善矿区生态环境,保护流域水环境。由市委、市政府组织领导,市环保局和市国土局等有关部门联合实施,对双桥区、承德县、隆化县人民政府矿山企业综合整治工作进行考核。对区县矿山企业环境整治工作考核采用定性与定量考核相结合的办法进行,围绕矿山企业环境整治工作各阶段任务完成情况,结合平时工作、督查工作和抽查工作进行考核。考核主要围绕矿山及尾矿库生态恢复治理情况、河道清淤任务完成情况、"三废"处理设施配置运行情况、矿区绿化率、绿色矿山建设、清洁生产审核情况、水土保持"三同时"制度、固废综合利用情况、涉矿工程项目管理、平时日常工作落实情况及其他等相关工作情况展开。对年度考核合格的区县,市政府给予表彰,给予一定的专项资金奖励和适当资金倾斜;对年度考核不合格的区县,市政府进行通报批评,并从转移支付增量资金中按一定比例扣减。

第六部分
任务落地与保障措施

第16章　规划项目与投资估算

16.1　工程项目与投资

武烈河流域污染防治项目(88 项)2020 年前总投资 26.54 亿元,城市综合环境提升区、矿山污染防治区、重点乡镇治理区和生态涵养区分别需投资 10.2 亿元、10.61 亿元、4.38 亿元和 1.35 亿元。

2014—2017 年应完成 71 个项目投资 20.84 亿元。城市综合环境提升区、矿山污染防治区、重点乡镇治理区和生态涵养区分别需投资 8.5 亿元、9.01 亿元、3.03 亿元和 0.3 亿元。

2018—2020 年应完成 17 个项目投资 5.7 亿元。城市综合环境提升区、矿山污染防治区、重点乡镇治理区和生态涵养区各区分别需投资 1.7 亿元、1.6 亿元、1.35 亿元和 1.05 亿元。

按照污染防治工程项目性质不同,本规划将污染防治工程项目划分为城镇生活污染治理,工业污染防治,畜禽养殖污染防治,河道综合整治、生态建设和能力建设六类项目。如表 16-1 所示。

表 16-1　流域污染防治分区分类投资　　　　　　　　　（单位:亿元）

项目　　　　　　　　规划分区	城市综合环境提升区	矿区污染防治区	重点乡镇治理区	生态涵养区	合计
城镇生活污染治理项目	7.16	1.93	1.56	0.1	10.75
工业污染防治项目	—	4.5	—	—	4.5
畜禽养殖污染防治项目	0.1	0.52	1.89	0.27	2.78
河道综合整治项目	0.68	1.92	0.1	—	2.70
生态建设项目	1.66	1.1	1.45	1	5.21
能力建设项目	0.6	—	—	—	0.6
合计:	10.2	10.61	4.38	1.35	26.54
其中:2017 年	8.5	9.01	3.03	0.3	20.84
其中:2020 年	1.7	1.6	1.35	1.05	5.7

表 16-1 所示六类项目,城镇生活污染治理项目(32 项)总投资 10.75 亿元,工业污染防治项目(9 项)总投资 4.5 亿元,畜禽养殖污染防治项目(15 项)总投资 2.78 亿元,河道综合整治项目(14 项)总投资 2.7 亿元,生态建设项目(14 项)总投资 5.21 亿元,能力建设项目(4 项)总投资 0.6 亿元。

城市综合环境提升区 3 个控制单元共 24 个项目,城区环境治理能力提升单元、水泉沟镇和狮子沟镇城乡结合部治理单元、双峰寺水库周边生活污染治理与生态农业示范单元分别需投资 7.08 亿元、1.08 亿元和 2.04 亿元。

矿区污染防治区 3 个控制单元共 37 个项目,高寺台镇矿区支流治理与矿企环境治理单元、韩麻营镇和中关镇矿企治理能力提升与支流生态恢复单元、头沟镇矿山生态恢复治理单元分别需投资 2.63 亿元、4.84 亿元和 3.14 亿元。

重点乡镇治理区 3 个控制单元共 21 个项目,两家乡和岗子乡畜禽养殖污染防治单元、章吉营乡和七家镇典型乡镇治理单元、磴上乡和三家乡农村生活污染治理单元分别需投资 1.74 亿元、1.25 亿元和 1.39 亿元。

生态涵养区 2 个控制单元共 6 个项目,茅荆坝乡水土涵养功能单元、荒地乡种养循环推广单元分别需投资 0.7 亿元和 0.65 亿元。

16.2　环境效益和可达性分析

通过系统分析各骨干项目工程实施后的负荷削减效益,结合建立的武烈河流域一维水质模型,模拟流域各污染治理措施实施后武烈河干流(以武烈河雹神庙断面作为控制断面)的水质状况。预计近期(2014—2017 年)骨干项目实施后,雹神庙断面 COD 平均浓度相比 2013 年可下降约 33%,远期(2018—2020 年)规划项目实施后,断面 COD 平均浓度相比 2013 年可下降约 37%。项目设计的各项污染治理措施可以大幅削减入河主要污染物,根据 COD 与 BOD_5 比值的经验关系可以推断,武烈河流域出口断面水质可由 Ⅳ 类提高到 Ⅲ 类,能达到规划水质目标要求。因此,项目设计的各项污染治理措施是合理可行的,能够切实保障武烈河干流水质。

规划各类项目具体环境效益如下:

通过实施城区污水处理厂改扩建工程及配套管网建设,实施乡镇及农村生活污水处理设施建设,提高流域生活污水处理水平,预计到 2017 年武烈河干流 COD 浓度相比 2013 年可下降约 29%,2020 年武烈河干流 COD 浓度相比 2013 年可下降约 32%。

通过实施畜禽养殖污染防治工程,提升流域畜禽养殖污染治理水平,预计到

2017 年武烈河干流 COD 浓度相比 2013 年可下降约 4%，到 2020 年武烈河干流 COD 浓度相比 2013 年可下降约 8%。

通过建设乡镇及农村生活垃圾收集转运设施、建设乡镇生活垃圾填埋场，构建完善的垃圾收运体系，确保生活垃圾无害化处理，削减流域面源污染，预计到 2017 年武烈河干流 COD 浓度相比 2013 年可下降约 1%，到 2020 年武烈河干流 COD 浓度相比 2013 年可下降约 2%。

通过实施矿区环境治理与生态恢复工程，改善矿区生态环境，防治水土流失造成的污染；实施生态建设和河道综合整治工程，恢复河流生态功能，改善流域生态环境，提高河流自净能力。预计到 2017 年武烈河干流感官水质能得到明显改善，到 2020 年武烈河干流水质能得到基本还清。

此外，通过实施环境监测和监管能力建设工程，提高流域环境监测能力，提升环保监管决策信息化能力；通过实施再生水循环利用工程及配套管网工程，提升流域再生水循环利用水平，确保水资源有效利用等措施，可以保证相关规划措施水环境改善效益得到进一步巩固，流域水质进一步改善。

第 17 章　保障措施

17.1　推行河长制，强化责任考核

构建以市委、市政府为主导、市直部门参加的规划考核机制，强化规划实施评估考核。以流域"河长制"为依托，对各区县、各乡镇进行年度考核，确保目标、项目、资金和责任"四落实"。以评估考核结果作为财政资金分配依据，对任务未完成的区县和乡镇，考虑适当减少财政资金拨付，并通报批评。

"河长制"实行分级管理、分片包干、一河一长的工作机制。成立由市委、市政府领导任组长，市各相关部门主要负责人为成员的市"河长制"管理工作领导小组，下设市"河长制"管理办公室和检查考核小组，负责对各单位、各有关部门实施"河长制"管理，推进河道综合整治和长效管理的总体指导、统筹协调、督促检查和考核验收。各县相应成立"河长制"管理领导小组，设立二级"河长制"管理办公室，由县委、县政府主要领导担任县级以上河道的"河长"，配合市政府做好主要河道综合整治工作的推进，组织编制并实施所在区县河道的水环境综合整治实施方案，协调解决工作中的矛盾和问题，抓好督促检查，同时分工包片，督促指导镇（园区、街道）的"河长制"管理工作。各镇（园区、街道）党政领导成员担任镇级河道的"河长"，组织编制并实施所负责河道的水环境综合整治实施计划，同时分工包片，督促指导各行政村做好河道管理工作，切实将各项综合整治措施落实到位，确保水环境质量持续改善。河长名单通过媒体向社会公布，在河岸显要位置可设立河长公示牌，标明河长职责、治理目标和监督电话等内容，接受公众监督。

17.2　落实流域生态补偿，健全长效保障机制

依托于京津水源地水源涵养重要区的战略地位，加强与北京市、天津市等地区间沟通协作，构建生态补偿机制，实施联合治污，推进生态环境提升，保障京津

地区水源安全。

进一步强化组织协调、督查、奖惩等工作制度建设,健全流域环境保护长效机制。强调环境保护与经济协调发展,实施源头防控污染,突出环保准入门槛的机制建设。完善环保管理联动工作机制,理顺各部门分工和职责,保障规划重点项目工程及时申报,保证规划实施过程环保等手续及时批复。强化专项工作督查督办机制建设,加大对企业违法处罚处置力度。完善环保工作问责制度,加大对环保工作考核与奖惩力度。

17.3　建立多元投融资机制,加大环保资金投入

强化多级投融资体系建设,积极争取国家、省级流域治理资金,加大地方财政配套资金,强化企业生态建设资金投入,拓宽融资渠道。落实流域综合治理等相关政策,积极申报国家和省级流域保护资金、水土流失、生态补偿、清洁小流域等相关治理资金,提高国家、省级财政资金比例。加大地方财政环保资金投入,确保地方政府财政支出环境投入比例逐年增加,加大对重点项目的资金贷款或专项资金投入。强化企业环境治理责任,遵循"谁污染、谁治理"原则,落实企业流域治理与生态建设资金投入。充分调动社会积极性,广泛吸纳国内外、社会、民间资本参与到流域生态建设、污染治理设施建设等重点领域。

17.4　实施第三方运营管理,推进治污专业化

按照"排污者付费、治污者赚钱"的原则,逐步推行"把治污权交给第三方"的管理模式,促进治污专业化。对生活垃圾、污水等环境治理公共设施,特别是农村地区小规模的设施,实施整体或分片打包,转交给专业化团队统一运营管理,采取PPP 等模式运营。完善环境污染治理设施运营资质许可制度和运营人员持证上岗制度,严格第三方准入门槛,确保治污设施规范运营。鼓励有条件自运行的重点污染源治理设施单位申领污染治理设施运营资质证书或委托有资质的第三方运营管理,强化企业治污能力。加强对持证单位监督管理,规范持证单位运行维护治污设施行为,维护社会化运营市场的公平、公正。

17.5　加大环保宣传力度,激励公众积极参与

　　加强环保宣传教育,充分发挥新闻媒介的舆论引导作用,引导公众积极参与流域水环境保护工作。充分调动全社会参与积极性,推动规划各项任务的实施。定期向社会公布流域水环境状况,确保信息渠道畅通。通过设置热线电话、公众信箱、开展社会调查或环境信访等途径获得各类公众反馈信息,及时解决群众反映强烈的环境问题。完善公众信访工作协调机制,建立环保工作延伸机制与公众对话沟通机制,促进多渠道公众参与政府环境管理与监督。

附　　表

附表 1　工程项目清单表(略)
附表 2　重点选矿企业清单(略)
附表 3　重点采矿企业清单(略)
附表 4　规模畜禽养殖场(小区、专业户)清单(略)